Hans F. E

Bachelor-, Master- und Doktorarbeit

Von den gleichen Autoren sind erschienen:

H. F. Ebel, C. Bliefert, W. Greulich

Schreiben und Publizieren in den Naturwissenschaften

5. Auflage
2006
ISBN: 978-3-527-30802-6

H. F. Ebel, C. Bliefert, W. E. Russey

The Art of Scientific Writing

**From Student Reports to Professional Publications in Chemistry
and Related Fields**

Second, Completely Revised Edition
2004
ISBN: 978-3-527-29829-7

W. E. Russey, H. F. Ebel, C. Bliefert

How to Write a Successful Science Thesis

The Concise Guide for Students

2006
ISBN: 978-3-527-31298-6

H. F. Ebel, C. Bliefert

Vortragen

in Naturwissenschaft, Technik und Medizin

3., durchgehend aktualisierte Auflage
2004
ISBN: 978-3-527-31225-2

H. F. Ebel, C. Bliefert, A. Kellersohn

Erfolgreich Kommunizieren

Ein Leitfaden für Ingenieure

2000
ISBN: 978-3-527-29603-3

Hans F. Ebel und Claus Bliefert

Bachelor-, Master- und Doktorarbeit

Anleitungen für den
naturwissenschaftlich-technischen Nachwuchs

Vierte, aktualisierte Auflage

WILEY-VCH

WILEY-VCH Verlag GmbH & Co. KGaA

Autoren

Dr. habil. Hans F. Ebel
Im Kantelacker 15
64646 Heppenheim

Prof. Dr. Claus Bliefert
Meisenstraße 60
48624 Schöppingen

Diplom- und Doktorarbeit
Anleitungen für den
naturwissenschaftlich-technischen Nachwuchs
1. Auflage 1992
2. Auflage 1994
3. Auflage 2003

Bachelor-, Master- und Doktorarbeit
Anleitungen für den
naturwissenschaftlich-technischen Nachwuchs
4. Auflage 2009

1. Nachdruck 2011
2. Nachdruck 2011
3. Nachdruck 2012
4. Nachdruck 2013

**Bibliografische Information der Deutschen
Nationalbibliothek**
Die Deutsche Nationalbibliothek
verzeichnet diese Publikation in der
Deutschen Nationalbibliografie; detaillierte
bibliografische Daten sind im Internet über
http://dnb.d-nb.de abrufbar.

Printed in the Federal Republic of Germany
Gedruckt auf säurefreiem Papier

Umschlaggestaltung Grafik-Design Schulz,
Fußgönheim
Druck betz-druck GmbH, Darmstadt
Bindung Litges & Dopf Buchbinderei
GmbH, Heppenheim

ISBN: 978-3-527-32477-4

Vorwort zur 4. Auflage

Die ersten drei Auflagen dieses Buches – Titel: *Diplom- und Doktorarbeit: Anleitungen für den naturwissenschaftlich-technischen Nachwuchs* – sind 1993, 1994 und 2003 erschienen. Jetzt legen wir die 4. Auflage in überarbeiteter Form vor.

Die „Diplomarbeit" ist aus dem Titel der neuen Auflage verschwunden: Es waren nicht etwa irgendwelche Errungenschaften der Computerisierung oder andere Neuerungen beim Schreiben von wissenschaftlichen Manuskripten, die uns dazu gezwungen hätten, das Buch stark zu überarbeiten und sogar einen neuen Titel dafür zu wählen. Anlass für die Änderung waren vielmehr die vom „Bologna-Prozess" angestoßenen Studienreformen, die in vielen – inwischen 46 – europäischen Ländern zu einem konsekutiven zweistufigen System von Studienabschlüssen geführt haben mit den neuen Abschlüssen Bakkalaureus/Bachelor (nach 6 oder 7 Studiensemestern) und Magister/Master (entspricht dem früheren „Diplom", nach 10 Semstern). Ziel dieser Reformen war u. a., Studienabschlüsse in den verschiedenen europäischen Ländern zu vereinheitlichen und so leichter vergleichbar zu machen. – Die alten Diplome gibt es heute im deutschsprachigen Raum nicht mehr, und damit werden auch keine „Diplomarbeiten" mehr angefertigt, sondern Bachelor- und Masterarbeiten. Dem galt es Rechnung zu tragen.

Inhaltlich hat sich in dieser Neuauflage wenig verändert. Bei der Durchsicht der 3. Auflage galt es, kleinere Anpassungen und Verbesserungen vorzunehmen, wobei wir auch Hinweisen nachgehen konnten, die uns von Lesern zugegangen waren. Besonderen Dank sagen wir an dieser Stelle Herrn Dr. Domagoj Rubeša vom Lehrstuhl für Technische Mechanik und Festigkeitslehre der FH Joanneum in Graz für seine Unterstützung. Er und seine Studenten vom Studiengang Fahrzeugtechnik haben mit bemerkenswerter Akribie Stellen in vorangegangenen Auflagen des Buches entdeckt und gesammelt, an denen Verbesserungen möglich waren. Mit ihren Vorschlägen haben sie sich um die Qualität dieses Buches verdient gemacht und gleichzeitig einen Beleg erbracht für die weite Verbreitung und intensive Nutzung des Buches, worüber wir uns besonders gefreut haben.

Die Hinweise ($\triangleright$) auf das umfangreichere Buch *Schreiben und Publizieren in den Naturwissenschaften**⁾ sollen wie bisher den Leser unterstützen, der nach Möglichkeiten Ausschau hält, einzelne Gegenstände zu vertiefen.

Für weitere Verbesserungsvorschläge sind wir immer offen. Wir wünschen Ihnen und kommenden Semestern gutes Gelingen bei der Arbeit!

Heppenheim und Schöppingen,   H. F. E.
im April 2009   C. B.

Aus dem Vorwort zur 1. Auflage

Mit unserem Buch

> Ebel, H. F., und Bliefert, C. *Schreiben und Publizieren in den Naturwissenschaften*. Weinheim: VCH

liegt seit 1990 eine fast „erschöpfende" Einführung in den Kernbereich der naturwissenschaftlichen Kommunikation vor. Manche Rezensenten haben es ein Handbuch genannt. Das englischsprachige Gegenstück

> Ebel, H. F., Bliefert, C., und Russey, W. E.
> *The Art of Scientific Writing*. Weinheim: VCH

ist als Quelle und Anregung für die Ausrichtung entsprechender Kurse empfohlen worden.**⁾ Ein Lehrbuch also? Vielleicht, aber eines, das für manche Zwecke über das Ziel hinausschießt.

Was noch gefehlt hat – auch das haben uns Rezensenten gesagt –, ist eine Hilfe bei der Erledigung der ersten schriftlichen (Prüfungs-)Arbeiten, die dem akademischen Nachwuchs abverlangt werden: eine Handreichung

---

* EBEL HF, BLIEFERT C, GREULICH W. 2006. *Schreiben und Publizieren in den Naturwissenschaften*. 5te Aufl. Weinheim: Wiley-VCH. 660 Seiten.
** 1. Auflage: 1987; inzwischen in der 2. Auflage: EBEL HF, BLIEFERT C, RUSSEY WE. 2004. *The Art of Scientific Writing*. 2nd ed. Weinheim: Wiley-VCH. 596 pages. – Auch zu dem vorliegenden Buch gibt es, wie hier angefügt sei, ein englischsprachiges Pendant: RUSSEY WE, EBEL HF, BLIEFERT C. 2006. *How to Write a Successful Science Thesis: The Concise Guide for Students*. Weinheim: Wiley-VCH. 223 pages.

von geringem Umfang, für weniger weitreichende Ansprüche, auf das klar umrissene Ziel ausgerichtet und für die unmittelbare Umsetzung in der Praxis geeignet.

Eine solche Arbeitshilfe zu schaffen, haben wir uns mit diesem kleinen Buch vorgenommen. Vermittelt werden soll alles, was man für die Abfassung einer ordentlichen Diplom- oder Doktorarbeit an „handwerklichem" Rüstzeug braucht, nicht mehr und nicht weniger.

Im Hinblick auf eine junge, gerade den Studienjahren entwachsende Leserschaft haben wir dem Buch Merkmale einer „Anleitung zum Selbststudium" verliehen, einen Hauch programmierten Lernens. Der Stoff ist in „Einheiten" gegliedert, die jeweils auf konkrete Fragestellungen zu einem bestimmten Gegenstand Antworten geben. Über jede dieser Einheiten hätte man Überschriften von der Art „Wie mache ich ...?", „Wie gestalte ich ...?" oder „Wie fertige ich ... an?" stellen können. Am Anfang wird jeweils kurz gesagt, worum es in dieser Einheit gehen wird und was der Leser aus ihr an Verständnis und Fertigkeiten gewinnen kann. Sodann werden einige Fragen (**F**) vorausgeschickt, die den Gegenstand abtasten sollen, bevor er näher betrachtet wird. Damit wollen wir Neugier auf die anschließenden Texte wecken. Auch wollen wir dem Leser mit diesen Fragen ein Gefühl dafür vermitteln, was ihn auf den nächsten Seiten erwartet und ob es für ihn erforderlich ist, sich mit der betreffenden Einheit zu befassen.

Die folgenden Texte sind so knapp wie möglich gehalten. Nur das Wichtigste wird mitgeteilt, auf Erörterungen des Für und Wider wird verzichtet. Manchmal mußten wir uns Gewalt antun, um diesen Stil durchzuhalten, wohl wissend, daß verkürzte Wahrheiten oft nur halbe Wahrheiten sind. Dabei mußten wir gelegentlich von mehreren verbreiteten und akzeptablen Vorgehensweisen eine auswählen und („normativ") empfehlen, um nicht weitschweifig zu werden. Wir hoffen, damit nicht auf Kritik zu stoßen, und bitten unsere Leser, sich anderweitig weiter zu informieren, wenn unsere Angebote zur „Ersten Hilfe" nicht ausreichen.

In den Text sind, satztechnisch klar abgehoben, Beispiele (**B**) eingestreut. Überhaupt ist auf eine wirksame typografische Gestaltung großer Wert gelegt worden. Daraus resultierten auch die Anmerkungen in den Randspalten, die zusammengenommen einen Auszug des Textes bilden und es gestatten, Begriffe, Beispiele u. ä. leichter zu finden.

Schließlich werden am Ende einer jeden Einheit Übungsaufgaben (**Ü**) angeboten. Zum Teil haben wir auch Erweiterungen und Vertiefungen in diese Übungen gepackt, so daß der Leser nicht nur sein Verständnis des Vorgetragenen kontrollieren, sondern sich auch selbst erfinderisch betätigen kann. In den Lösungen (**L**) am Schluß des Buches kann er erfahren, wie weit er damit erfolgreich war.

Unsere Beispiele sind mit lockerer Hand gesammelt und für unsere Zwecke passend dargeboten, zum Teil auch einfach nach der Erinnerung ausgedacht. Einen Unterschied zwischen Dichtung und Wahrheit machen wir nicht, wie wir uns überhaupt bemüht haben, die Spuren unserer „live"-Beispiele zu verwischen. Sie rekrutieren sich aus wirklich vorgelegten Prüfungsarbeiten, aus bei uns durchlaufenden Manuskripten und aus Publikationen. Gelegentlich sprechen wir von A-Stadt, der B-Gesellschaft, der X-Verbindung oder der Y-Methode, wo es nichts beigetragen hätte zu wissen, was jeweils dahintersteckte. Auslassungen werden durch ... oder (...) gekennzeichnet.

Wir haben dieses Buch in erster Linie für Diplomanden und Doktoranden in den naturwissenschaftlich-technischen Fächern an Universitäten, Technischen Hochschulen und Fachhochschulen geschrieben. Wenn wir von „Diplom- und Doktorarbeit" oder „Prüfungsarbeit" sprechen, schließen wir Arbeiten für das Staatsexamen ein. Da Prüfungsarbeiten oftmals unmittelbare Vorläufer für Originalpublikationen in Zeitschriften sind, reicht die Wirkung unseres Buches über das unmittelbare Examensziel hinaus. Wir gehen aber an dieser Stelle auf die spezifischen Erfordernisse des Publikationswesens nur bedingt ein. Auch die besonderen Arbeitsweisen und Erfordernisse der einzelnen naturwissenschaftlichen Disziplinen konnten wir nur streifen. [...]

Herzlichen Dank sagen wir einigen Studenten, Kollegen und Freunden, die Vorfassungen dieses Buches sorgfältig gelesen und uns viele wertvolle Anregungen zur Verbesserung gegeben haben: [...]

So sind uns, dies stellen wir mit Genugtuung fest, Erfahrungen aus Biologie, Biochemie, Chemie, Geologie, Ingenieurwesen und Physik zugeflossen. [...]

Heppenheim und Schöppingen,   H. F. E.
im November 1992   C. B.

Wir haben davon abgesehen, ständig darauf hinzuweisen – zum Beispiel durch „Leser und Leserin", „LeserIn", „er (sie)" –, dass sich die Spezies Mensch in zwei Geschlechtern manifestiert. Frauen und Männer bewähren sich gleich gut in Studium und Forschung, wie wir alle längst wissen – wozu dann die umständlichen Sprachformen? Das Selbstverständliche zu betonen hieße doch nur, es in Frage zu stellen. Wir hoffen, dass Sie sich dem anschließen können.

Inhalt

Vorbemerkungen

Das Thema für eine Prüfungsarbeit oder, was auf dasselbe hinauskommt, Abschlussarbeit – Bachelor-, Master-/Magister-, Staatsexamens-, oder Doktorarbeit – in den Natur- oder Ingenieurwissenschaften stellt der junge „Prüfling" (bei einer Doktorarbeit: Doktorand) gewöhnlich nicht selbst. Anders als in den Geisteswissenschaften wird es von einem Lehrenden der Hochschule ausgegeben, der dadurch zum Betreuer (z. B. „Doktorvater") wird. Doch haben Sie*) als Examenskandidat die freie Wahl Ihres Betreuers. Damit geben Sie im Rahmen der am Institut oder im Fachbereich vertretenen Forschungs- und Arbeitsschwerpunkte das Arbeitsgebiet vor. Sie ziehen Grenzen, innerhalb derer das Thema liegen wird, und treffen damit eine wichtige Vorentscheidung für Ihre gesamte berufliche Entwicklung. Denn durch die Prüfungsarbeit werden Sie zum Spezialisten, der bestimmte Methoden beherrscht und sich in bestimmten Denkkategorien selbständig bewegen kann.

Sie werden Ihre Gründe haben, warum Sie gerade diesen und nicht jenen Hochschullehrer um ein Thema bitten. Diese Gründe haben nicht nur mit dem Interesse für ein bestimmtes Arbeitsgebiet zu tun. Es kommen äußere Umstände wie die Aussichten auf eine finanzielle Unterstützung hinzu. Daneben spielen Überlegungen eine Rolle wie: Möchte ich lieber in einem großen oder einem kleinen Kreis arbeiten? Ziehe ich eine straffe Anleitung oder möglichst große Freiräume vor? Wo liegen meine Interessen und Begabungen? Bin ich bereit, mich auf ein anspruchsvolles, vielleicht sogar riskantes Projekt einzulassen? Gehören die Arbeiten zu (finanziell) geförderten Projekten? Und bei Arbeiten, die in Zusammenarbeit mit (oder in) Industriebetrieben angefertigt werden: Handelt es sich um eine echte eigenständige Arbeit, oder soll ich nur als „Messknecht" eingesetzt werden? Welche Bedeutung hat das zu bearbeitende Thema für die Firma/für das Fachgebiet?

Es ist auch legitim, sich nach der durchschnittlichen Zeitdauer von Prüfungsarbeiten in einem Arbeitskreis oder bei bestimmten Hochschullehrern zu erkundigen. – Wir wünschen Ihnen, dass Sie zu denjenigen Stu-

---

* Es ist uns ein Bedürfnis, unsere Leser hinfort immer wieder unmittelbar anzusprechen.

dierenden gehören, die aus vielen Themenvorschlägen, vielleicht sogar von verschiedenen Betreuern, auswählen können!

Nehmen Sie die Frage des Themas nicht auf die leichte Schulter! Lassen Sie sich Hintergründe schildern, klären Sie, in welchem größeren Rahmen das Thema zu sehen ist, fragen Sie nach anderen laufenden Arbeiten mit ähnlicher Zielsetzung oder nach Publikationen, die aus der Thematik bereits hervorgegangen sind. Lassen Sie sich mehrere Themen vorschlagen, wenn Sie das erste nicht überzeugend finden. Versuchen Sie, das Thema nicht nur nach seinem wissenschaftlichen „Appeal" zu beurteilen, sondern auch im Hinblick auf die angestrebte berufliche Entwicklung.

Wahrscheinlich wollen Sie in Ihrer Arbeit mehr sehen als eine Pflichtübung. Vor allem von einem Promotionsthema darf man verlangen, dass es – wie jede echte Forschung – mit einer interessanten Fragestellung verbunden ist. Prüfungsarbeiten und Publikationen werden zwar selten als Fragen formuliert, doch wohnt ihnen die Neugier nach dem Unbekannten inne. Vielleicht wird Ihnen als Thema angeboten (vgl. B 6-7 c) „Silylierte Hydroxylamine: Herstellung und Eigenschaften". Hierin verbergen sich eine Menge Fragen, z. B.: Wie kann man solche Verbindungen herstellen? Welche Eigenschaften haben sie? Kann man Hydroxylamin direkt silylieren? – Wenn Sie das Thema annehmen wollen, ist es Ihre Aufgabe zu klären, was über den Gegenstand schon in der Literatur beschrieben ist; Wege zu ersinnen, wie man die Fragen beantworten kann; und dann, die Antworten zu geben.

Lassen Sie sich nicht auf zu weitläufige Problemstellungen ein. Die Fragen müssen in einer vertretbaren – oft in den Prüfungsordnungen eng bemessenen – Zeit zu beantworten sein, und sie müssen einen klar erkennbaren Ausgangspunkt haben. Geben Sie sich nicht mit einem anspruchslosen Thema zufrieden, wenn Sie mehr als Routinearbeit leisten wollen.

Identifizieren Sie sich mit dem Problem, wenn Sie sich entschlossen haben. Verlieren Sie nie das Ziel aus den Augen, aber seien Sie auf Überraschungen gefasst. Drei Monate, ein halbes Jahr oder länger müssen Sie und Ihr Betreuer täglich bereit sein, das Ziel neu zu definieren, wenn sich unerwartete Hindernisse oder Verheißungen auftun. Lassen Sie den Kontakt mit Ihrem Betreuer nie abreißen, und treffen Sie wichtige Entscheidungen gemeinsam. – Und nun: Auf ein gutes Gelingen!

Lesen Sie, bevor Sie sich in die Arbeit stürzen, noch schnell die Geschichte auf S. 4. Wir entnehmen sie mit freundlicher Genehmigung einem Artikel von E. A. Mason in *Journal of Membrane Science* (1991) 60: 125 - 145.

Teil I
Stil und Methoden

A rabbit is sitting outside its hole writing its dissertation when a fox comes along.

"What are you writing?" the fox asked slyly. (Foxes are always sly.)

"My dissertation," answers the rabbit.

"And what are you writing it on?" asks the fox (slyly). "How to eat foxes."

The fox thinks this is incredibly funny and starts to laugh, but the rabbit urges the fox to join her in her hole. The fox agrees; we see the fox slyly follow the rabbit down, and later the rabbit returns to her dissertation.

Along comes a wolf, who asks the rabbit, "What are you writing there?"

"My dissertation."

"And what are you writing it on?"

"How to eat a wolf."

"And how would a rabbit know anything about eating wolves?"

"Well," says our rabbit, "Why don't you come down into my lab and see?"

So the wolf follows the rabbit into the hole, and soon the rabbit returns to the surface alone again.

Now, if we had been able to see inside the rabbit's hole, we would have seen piles of bones and a *lion*. The moral of the story is: Don't ask, "What's your thesis on?", ask, "Who's your advisor?"

1 Laborbuch

> ● In dieser Einheit finden Sie Hinweise, wie das Laborbuch zu führen ist.
>
> ■ Wenn Sie sich diese Hinweise rechtzeitig zu eigen machen, werden Sie Ihre Versuche rationell planen, durchführen und für die spätere Auswertung dokumentieren.

F 1-1 Wie soll ein Laborbuch beschaffen sein?

F 1-2 Was ist ein Experiment?

F 1-3 Wie werden die Eintragungen in das Laborbuch vorgenommen?

F 1-4 Für wen und für welchen Zweck führt der Naturwissenschaftler ein Laborbuch?

F 1-5 Wie sollen die Eintragungen in das Laborbuch aussehen?

▷ | 1.3, 1.4 *)

Zweckbestimmung   Im Laborbuch wird die tägliche Arbeit des experimentierenden und beobachtenden Natur- und Ingenieurwissenschaftlers in einer über den Tag hinausreichenden Form beschrieben und für die spätere Auswertung dokumentiert. Laborbücher enthalten die unmittelbaren, authentischen Protokolle der durchgeführten Experimente und des Beobachteten. Sie sind die Keimzellen von Zwischenberichten, Berichten und Publikationen.

Protokollbuch, Notizbuch   In manchen Fächern sind Protokoll- oder Notizbuch ein angemessenerer Ausdruck für das Tagebuch, in dem der Wissenschaftler seine Beobachtungen und Ergebnisse sammelt; beispielsweise dort, wo die Arbeit „im Feld" statt im Laboratorium stattfindet.

Berichte   Auch Prüfungsarbeiten – mit dem Ziel des Bachelors, Masters (früher: Diploms), Staatsexamens oder der Promotion vor Augen – sind Berichte.

---

* Durch das Hinweiszeichen (▷) wird zu Beginn der Einheiten auf Abschnittnummern in *Schreiben und Publizieren in den Naturwissenschaften* (5. Auflage, 2006) hingewiesen.

Führen Sie ein Laborbuch, um daraus zunächst Zwischenberichte zu gewinnen, die wiederum als Grundlage für den späteren „Experimentellen Teil" der Arbeit (s. Einheit 14) dienen können.

schlechtes Laborbuch

Schlecht geführte Laborbücher können das spätere Schreiben der Prüfungsarbeit zu einer schwer lösbaren Aufgabe werden lassen. Ungeordnete, unklare oder unvollständige Aufzeichnungen lassen sich nur mühsam oder gar nicht auswerten. Möglicherweise müssen Experimente wiederholt werden, wenn die Ergebnisse und ihre Begleitumstände nicht mehr schlüssig aus den Eintragungen im Laborbuch hervorgehen. Im ungünstigsten Fall lassen sich die ursprünglichen Versuchsbedingungen nicht mehr herstellen, und der erfolgreiche Abschluss der Arbeit ist in Frage gestellt.

Beginn der Arbeit

Um Ihre Arbeit zu erleichtern und Sie vor Fehlschlägen zu bewahren, haben wir diese Hinweise zusammengestellt. Wir hoffen, dass sie Ihnen rechtzeitig in die Hand gefallen sind oder dass Sie sich anderweitig, z. B. durch den Rat von Kollegen, „schlau" gemacht haben, bevor Sie mit der Arbeit im Labor – an der Produktionsanlage, im Gewächshaus, im Freiland, an Bord eines Schiffes, wo immer – begonnen haben. Durch Zwischenberichte können Sie sich selbst kontrollieren und die Art Ihrer weiteren Berichterstattung im Laborbuch ändern, wenn sie sich als noch nicht optimal erweisen sollte.

Indem Sie ein Laborbuch führen, bereiten Sie die spätere Arbeit am Schreibtisch vor: Insofern beginnt der schriftliche Teil der Prüfungsarbeit an dem Tag, an dem Sie das (vorläufige) Thema entgegennehmen.

Anforderungen an die Aufzeichnungen

Schreiben Sie im Laborbuch von Hand. Auch andere müssen Ihre Aufzeichnungen lesen und verstehen können. Die einzelnen Schritte müssen nachvollziehbar sein. Es muss ersichtlich sein, wie Messergebnisse oder Beobachtungen zustande gekommen sind.

Wem gehört das Laborbuch?

Erkundigen Sie sich, ob der Betreuer der Arbeit die spätere Übergabe der Laborbücher nach Abschluss der Untersuchungen erwartet. Er hat im Hinblick auf die kontinuierliche Fortführung der Forschung in seinem Labor oder im Arbeitskreis hieran ein Interesse. Wer die Arbeit finanziell unterstützt oder Zuwendungen beigebracht hat, hat einen Anspruch auf die Ergebnisse und ihre Dokumentation.

Unmittelbarkeit

Aufgezeichnet wird im Laborbuch stets das ursprüngliche Ergebnis, das Unmittelbare. Verwenden Sie im Labor keine Zettel als Zwischenträger. Verlassen Sie sich nicht auf Tafelanschriebe oder auf Ihr Gedächtnis. Tragen Sie die Ablesung eines Messgeräts sofort in das Laborbuch ein, nicht erst, wenn das Gerät wieder ausgeschaltet ist.

Die Auswertung kann sich durch Nachjustieren eines Geräts oder ein verändertes Rechenverfahren ändern, nicht aber das ursprüngliche Ergebnis, das es daher zunächst festzuhalten gilt.

Tagebuch Führen Sie Ihre Laborbücher als Tagebuch, nicht als Schmierhefte. Nummerieren Sie die Bücher, wenn es mehrere gibt, fortlaufend. Versehen Sie jedes mit Ihrem Namen und dem Datum für Beginn und Abschluss der Eintragungen.

„Dokument" Ihre Untersuchungen können patentrechtlich relevant sein, einen Prioritätsanspruch begründen oder als Nachweis dienen, dass Sie die Versuche wie später beschrieben und nicht anders durchgeführt haben. Die Aufzeichnungen in Ihren Laborbüchern müssen daher „dokumentenecht" sein. Sie müssen sogar vor Gericht Bestand haben, sollten Zweifel auftauchen, ob die Ergebnisse so zustande gekommen sind.

– Verwenden Sie gebundene Notizbücher mit festem Einband;
– nummerieren (paginieren) Sie die Seiten;
– schreiben Sie fortlaufend, jedes neue Experiment auf einer neuen Seite beginnend;
– falsche Eintragungen streichen Sie durch, machen sie aber nicht unleserlich;
– lassen Sie keine Seiten frei, streichen Sie nicht benutzte Teile von Seiten durch;
– schreiben Sie mit Kugelschreiber.

Beschaffenheit Nicht in Frage kommen alle Arten von Ringbüchern oder Ware mit Spiral-, Ring- oder Klemmheftung, in denen Blätter entfernt, ausgetauscht oder nachträglich eingelegt werden können. Hefte mit nicht-kartoniertem Umschlag sind ungeeignet, da sie nicht robust genug sind.

Wenn Sie mehrere Laborbücher als I, II, ... gezählt haben, können Sie zusammen mit einer Seitenzahl ein Experiment genau kennzeichnen, z. B. durch

B 1-1 a Ⅱ-26

Das ist das Experiment, dessen Beschreibung auf Seite 26 im Laborbuch II beginnt. Wenn Sie eine Kennzeichnung wie

b ICH Ⅱ-26

wählen, wobei ICH die Initialen Ihres Namens sein mögen, dann können Sie Ihre Laborbücher und alle Bezüge darauf von denen anderer Mitglieder des Labors oder der Arbeitsgruppe unterscheiden.

Experiment Ein typisches Experiment, z. B. die Durchführung einer chemischen Reaktion oder die Beobachtung eines Wals, beantwortet eine an die Natur gestellte Frage. Das Protokoll darüber – also der Eintrag im Laborbuch – schildert kurz die Art der Fragestellung, die einzelnen Untersuchungsschritte oder Ermittlungen und die Antwort auf die Frage. Eine Versuchsbeschreibung ist das Abbild einer umfangreichen experimentellen Arbeit im Kleinen (s. auch Einheit 14).

Überschrift   Demgemäß besteht das Protokoll eines Experiments im Laborbuch in der Regel aus drei „Teilen" – Fragestellung/Einführung, Versuchsbeschreibung und Ergebnisse –, ohne dass diese als solche erkennbar oder säuberlich abgetrennt sein müssten. Sie beginnt oft mit einer Überschrift wie

B 1-2   Synthese (Umlagerung, Isomerisierung, ...) von ...
Umsetzung von ... mit ...
Herstellung von ...
Trennung (Charakterisierung ...) von ...
Messung der ...
Bestimmung des ...
Auswertung von ...

und wird datiert, z. B. mit „18.3.09" oder durch

B 1-3   Begonnen 18. 3. 09, beendet 20. 3. 09

Auf eine Überschrift können Sie auch verzichten und sich mit der Seitennummer für Verweiszwecke begnügen. Doch sollte möglichst schon das Eröffnungs-Statement den Zweck des Experiments nennen.

Fragestellung,   Im ersten „Teil" (Fragestellung) des Versuchsprotokolls beschreiben Sie
Einführung   kurz, worum es geht. Beispielsweise könnten Sie für eine chemische Umsetzung eine Reaktionsgleichung anschreiben:

B 1-4 $$RPCl_2 \xrightarrow[?]{LiP(SiMe_3)Ar} \quad R'{}^{P}{=}P{}^{\nearrow Ar}$$
(ICH II-24)

Ausgangspunkt,   Ein solcher Eintrag im Laborbuch – ergänzt durch Erläuterungen, was R
Ziel   und Ar bedeuten – würde sehr gut in das Experiment einführen. In der verkürzten Formelsprache der Chemiker sagt der Eintrag Folgendes: Ein Dichlorphosphan wird mit einem bestimmten Lithiumaryl(trimethylsilyl)phosphid umgesetzt, wobei ein Diphosphen entstehen soll. Das Fragezeichen am Reaktionspfeil kann andeuten, dass zum Zeitpunkt des Experiments nicht bekannt war, ob die Verknüpfung der beiden Phosphoratome zur Phosphor-Phosphor-Doppelbindung tatsächlich in der durch die Formel angegebenen Weise gelingen würde und ob das Reaktionsprodukt die angenommene (*trans*-)Struktur haben würde.

Erklärungen   Genau eine solche Erklärung könnte ergänzend zur Reaktionsgleichung dem eigentlichen Versuchsprotokoll voranstehen und in das Experiment einführen, Tenor z. B.

B 1-5   Es sollte geprüft werden, ob …

Weitere „Chemie" wird im Laborbuch nicht benötigt. Beispielsweise braucht der Verfasser des Laborprotokolls von B 1-4 nicht in die Reaktionsgleichung zu schreiben, dass zunächst ein Zwischenprodukt entsteht, das erst bei höherer Temperatur in das gewünschte Diphosphen übergeht; da die Umsetzung als „Eintopfreaktion" durchgeführt und das Zwischenprodukt nicht isoliert wird, braucht er unter rein handwerklichen Gesichtspunkten darauf nicht einzugehen.

Im Beispiel oben sind die Synthese und Charakterisierung des als Ausgangsstoff dienenden Dichlorphosphans in einem früheren Experiment beschrieben worden, worauf der Eintrag „ICH II-24" in der Reaktionsgleichung hinweist.

weitere Mitteilungen   In der „Einführung" in ein Experiment können Sie Weiteres mitteilen, womit sich Randbedingungen und Begleitumstände festlegen lassen, z. B.

– Bezugsquellen, evtl. Bezugspersonen, Anschriften
– Spezifikationen, Reinheitskriterien
– genauer Ort und Zeit einer Felduntersuchung
– Literatur

in den folgenden Beispielen:

B 1-6   Trimethylsilylchlorid   (Down Chemicals)
Carrageenin (1 % w/w, Marine Colloids Inc.)
OSM_2 - Meter (Logo Instruments)
Wistar (m, SPF, HC/CFHB; 212-267 g, 6-8 Wochen)
Fraktion 2 von ICH II-24
Station III, 8°°, neblig
Lit. Winter u. Porter (modifiziert nach I-37)

Derartige Erklärungen können Sie durch die Angabe von Kalibrierfaktoren, eine Apparateskizze, ein Pipettierschema u. ä. ergänzen.

Literaturhinweis   Dem kurzen Literaturhinweis („Winter u. Porter") hätte ein Verweis auf Ihre Literaturdokumentation (s. Einheit 2) ergänzend folgen können.

Versuchsbeschreibung   Es folgt die eigentliche Versuchsbeschreibung als zweiter „Teil". Wollen Sie diese von den einleitenden Anmerkungen optisch abtrennen, so ziehen Sie zwischen den beiden „Teilen" eine Linie. Um den Protokollcharakter der Aufzeichnungen zu betonen, schreiben Sie zweckmäßig in der Vergangenheit (Imperfekt) und im Passiv, soweit Sie überhaupt Sätze oder Phrasen mit Verben verwenden. Auch Laborjargon erfüllt seinen Zweck.

Mitteilungsform

B 1-7   … wurde zur Lösung von 1 gegeben …
… über Mittag gerührt (Abzug) bei …
… in 6 miconic - Röhrchen pipettiert, mit XXX 2mal
5s geschüttelt und 5 min bei 1850 g zentrifugiert.
… Rotationsverdampfer

Wenn Sie wollen, können Sie auch in der Ich-Form schreiben oder Hinweise einfügen wie

B 1-8 *mit Frank sprechen!*
Wiederholen, morgen früher anfangen!
neues Ventil bestellt?

„unwesentliche"
Angaben

Bei aller stichwortartigen Kürze sollen die Aufzeichnungen detailliert sein. Die Notizen dürfen eher zufällige Angaben enthalten wie „über Mittag" oder auch solche, die für den Fachmann keiner Erwähnung bedurft hätten („Abzug"). Es kommt darauf an, dass auch andere mit Hilfe der Aufzeichnungen den Versuch ausführen können.

praktische Hinweise

Auch kleine praktische Kniffe und Handgriffe werden notiert, z. B.

B 1-9 *Zuerst Belüftungshahn vorsichtig geöffnet.*
Vom Kühlfinger gespült.
Mit langstieliger Bürste gereinigt.
Mit der anderen Hand so lange …

Protokollieren Sie auch zufällige Beobachtungen wie:

B 1-10 *vorübergehend rot*

Handgriffe,
Beobachtungen

Mit Sicherheit werden nicht alle diese Einzelheiten später veröffentlicht werden, vielleicht finden sie auch nicht Eingang in die Prüfungsarbeit. Im Laborbuch dürfen Sie sich aber eine größere Ausführlichkeit erlauben, kürzen können Sie die Aufzeichnungen bei der Umwandlung in einen Zwischenbericht oder Bericht noch immer – nachtragen können Sie nichts. Oft weiß man erst im Nachhinein, welcher Handgriff oder welche Beobachtungen wichtig waren. Gerade wegen handwerklicher Einzelheiten werden Versuchsprotokolle gelegentlich später eingesehen, und deswegen werden die Labor- und Protokollbücher oft jahrelang aufbewahrt.

Befunde, Ergebnisse

Versuchsprotokolle sollen zeigen, was der Experimentator unternahm, um die jeweilige Frage beantworten zu können, und welche „Antworten" er fand. Im dritten „Teil" werden diese „Antworten" als Ergebnisse aufgezeichnet, bei einer Synthese im chemischen Labor z. B. eine Auswaage und ein Schmelzpunkt. Die einzelnen Untersuchungsschritte und die Ergebnisse brauchen dabei nicht voneinander getrennt zu werden.

Messwerte

Ergebnisse – in manchen Disziplinen eher: Befunde – können beispielsweise Messwerte sein. Auch hier gilt das Gebot der Unmittelbarkeit: Notiert wird die Zeigerstellung oder die digitale Anzeige (oder ein anderes Signal) in der Form, wie sie dem Experimentator zugänglich wurde. Umrechnungen oder abgeleitete Größenwerte werden erst in einem zweiten Schritt gewonnen und notiert.

| Statistik | Haben Sie die Messwerte mehrfach aufgenommen, so notieren Sie jeden einzeln und mitteln, wenngleich für den späteren Bericht nur das gemittelte Ergebnis, ergänzt durch Angabe der Standardabweichung und die Zahl der Messwerte, interessiert. |

Primärdaten Halten Sie die unmittelbar zugänglichen Messwerte fest wie Brutto und Tara bei einer Wägung, aus der durch Differenzbildung die Auswaage hervorgeht, z. B.

B 1-11

$$B \quad 25,37143 \ g$$
$$T \quad 25,29781 \ g$$
$$\overline{}$$
$$73,62 \ mg$$

Nachvollziehbarkeit Ähnlich würden Sie bei einer manuellen Titration mit Hilfe einer Bürette nicht nur einen Verbrauch notieren, sondern den Stand des Meniskus vor Beginn der Titration und nach Erreichen des Äquivalenzpunkts. (Das Beispiel mag – z. B. in der Routine der Laboratoriumsmedizin – altertümlich erscheinen, das Problem bleibt.) Größen, die umgerechnet werden müssen (wie die Peakfläche in einem Chromatogramm), werden zusammen mit den auf sie angewendeten Umrechnungsfaktoren und ggf. der verwendeten Gleichung angegeben. Die Umrechnung muss nachvollziehbar sein.

An dieser Stelle können Sie Ihre Ergebnisse schon statistisch bewerten, z. B. einer Regressionsanalyse unterwerfen, um rechtzeitig zu erkennen, ob Ihre Daten signifikant sind.

Gerätejustierung Notieren Sie bei Einsatz von Messgeräten neben den abgelesenen, ausgedruckten oder geplotteten Werten Zeitpunkt und Ergebnis der letzten Gerätejustierung; wenn die Messung wahlweise auf einem von mehreren Geräten vorgenommen wurde, schreiben Sie den Standort oder die Nummer des Geräts auf. Mit diesen Vorsichtsmaßnahmen werden später vielleicht die Gründe für „Ausreißer" in einer Messreihe erkennbar.

Abschluss, Ausblick Die Versuchsbeschreibung endet oft mit Hinweisen auf weitere Experimente. Beispielsweise möchten Sie als Protokollant der Synthese von Beispiel B 1-4 in einem nächsten Experiment klären, ob das Produkt tatsächlich die angenommene Konfiguration *(E)* hat oder ob die Substituenten – anders als angeschrieben – auf derselben Seite der Phosphor-Phosphor-Doppelbindung stehen (Z-Konfiguration). Auch könnten Sie einen Hinweis geben, dass in Versuch ICH II-27 die analoge Reaktion ausgehend von Phosphor(III)-bromid (statt -chlorid) beschrieben wird.

Zwischenberichte, Experimenteller Teil Gute Versuchsprotokolle erleichtern das Abfassen von Zwischenberichten und des „Experimentellen Teils" der abschließenden Prüfungsarbeit. Dazu bedarf es oft nur geringfügiger Umstellungen oder Umformulierungen.

Beispielsweise werden unverbundene Stichwörter und Satzfragmente aus dem Laborbuch in Berichten zu vollständigen Sätzen ergänzt. Ergebnisse, die als solche nicht von unmittelbarem Interesse sind, werden in stärker sinngebende umgewandelt, z. B. eine Auswaage in Milligramm in eine Ausbeute in Mol und in Prozent der theoretischen Ausbeute. Beispiel B 1-12 verdeutlicht dies. Es zeigt im Teil a die handschriftliche Aufzeichnung eines Versuchsprotokolls aus einem Laborbuch, darunter im Teil b den zugehörigen Ausschnitt des daraus abgeleiteten Berichts (in der Schrift Verdana).

B 1-12 a

```
                        – 56 –
                                        23. 4. 2009


Oxidation des Ketons 6a (Forts. von S. 53)
Reaktionsgemische gefiltet (Büchner-Trichter), kristalliner
Festtstoff (hellgelb), 1.63 g

Löslichkeitsversuche

Aceton        unlöslich
Et₂O          unlöslich
CCl₄          unlöslich
H₂O           lösl. (bes. bei > Temp.)
CH₃OH         sehr gut löslich (ca. 300 mg in 2 mL)
Umkristallisiert aus 30 mL CH₃OH/H₂O (ca. 1:3) farblose Nadeln.

                        24. 4. 2009
24 h über P₄O₁₀ getrocknet ⟹ 1,40 g (86 %)
Schmp. 72 – 76 °C (Kristalle fallen zusammen bei 65 °C,
keine Zersetzung bis 150 °C)
Verb. reagiert sauer in wäßriger Lösung (pH-Papier)
> 8.5 mg in 50 mL H₂O (doppelt dest.)
zeigt pH 4.65 (pH-Meter Nr. 3)
```

b ... Das Rohprodukt (schwach gelb) wurde aus dem Reaktionsgemisch in kristalliner Form abgetrennt. **3a** wurde durch Umkristallisieren aus einem Wasser-Methanol-Gemisch (φ = 25 %) mit einer Ausbeute von 75,8 % in Form farbloser Nadeln (Schmp. 72...76 °C; Jones, 1980: 78 °C) erhalten. Eine wässrige Lösung der Substanz reagiert schwach sauer ($pK_a \approx 9$).

Wenngleich sprachlich weiter ausgeführt, ist der Text auch des Berichts – wie die Laborbuch-Aufzeichnung – von hoher Informationsdichte und stark formalisiert. Die Form ist die, die man dem „Experimentellen Teil" von Publikationen in Fachzeitschriften entnehmen kann und die später auch beim Schreiben der Prüfungsarbeit angewendet werden wird.

Dokumentenechtheit

Wenn Sie nach dem Ende des Experiments eine waagerechte Linie ziehen und den verbliebenen unbeschriebenen Teil der Seite diagonal ausstreichen, haben Sie zusätzlich etwas für die Dokumentenechtheit Ihres Laborbuchs getan. Sie zeigen an, dass das Experiment „abgeschlossen wie protokolliert" ist. Beginnen Sie für einen Anschlussversuch – bei einer chemischen Synthese beispielsweise die Abtrennung und Identifizierung eines Nebenprodukts – eine neue Seite mit neuem Datum.

Umfang einer Versuchsbeschreibung

Die Aufzeichnung eines Experiments nimmt in der Regel nicht mehr als 1 oder 2 Seiten in Anspruch. Vorzugsweise verwenden Sie eine linke und rechte Doppelseite. Durch Abtrennen weiterer Versuchsteile und Beschreibungen als eigenständige Experimente haben Sie es immer in der Hand, Überlängen zu vermeiden.

Ordnungsinstrument

Sie können das Laborbuch als zentrales Ordnungsinstrument für Ihre praktische Arbeit benutzen. Bestimmte Proben, Produkte, Werkstücke usw., aber auch Aufzeichnungen wie Spektren, Chromatogramme, Computerausdrucke oder Erhebungsbögen lassen sich mit den schon erwähnten Marken (z. B. ICH II-26) versehen. Um verschiedene Bestandteile, die zu demselben Versuch gehören, zu unterscheiden, können Sie weitere Kennzeichnungen wie

B 1-13   ICH Ⅱ-26-1

für die erste Probe des auf S. 26 beginnenden Versuchs im Laborbuch ICH II einführen. Diese Bezeichnung, auf Flaschenetiketten, Plots, Ausdrucken jeglicher Art, kartografischen Blättern usw. angebracht und im Laborbuch näher erläutert, sorgen für fehlerfreie Zuordnungen. Ihr Laborbuch, Tagebuch, Logbuch, oder wie immer Sie es nennen, wird so zum zentralen Ordnungs- und Steuerinstrument Ihrer Arbeit.

E-Notebook

Ob es Sinn macht, das Laborbuch, unter Aufgabe seiner ursprünglichen Buchform, im Computer – als E-Notebook – zu führen, können wir an der Stelle nicht erörtern. Von Firmen für wissenschaftliche Software werden entsprechende Programme angeboten. Eine Entscheidung darüber, die vor allem auch Fragen des Schreibschutzes (Authentizität!) klären müsste, werden Sie nicht ohne Ihren Betreuer fällen können.

Ü 1-1   Warum werden die Seiten des Laborbuchs nummeriert? Nennen Sie Formen des Gebrauchs der Seitennummern.

Ü 1-2   Nennen Sie Maßnahmen, die dazu bestimmt sind, ein Laborbuch „dokumentenecht" zu machen.

Ü 1-3   Warum werden leer gebliebene Teile von Seiten im Laborbuch durchgestrichen?

Ü 1-4   Warum werden Versuchsprotokolle datiert?

Ü 1-5   Was spricht gegen die Verwendung von Ringbüchern als Laborbücher?

Ü 1-6   Gibt es eine strenge Abgrenzung eines Experiments gegen andere?

Ü 1-7   Wie lang ist eine typische Versuchsbeschreibung im Laborbuch?

Ü 1-8   Welche grundsätzlichen Anforderungen sind an die Aufzeichnungen im Laborbuch zu stellen?

Ü 1-9   Darf Ihr Versuchsprotokoll Laborjargon enthalten?

Ü 1-10   Nennen Sie Beispiele von Laborjargon aus Ihrem Fach.

Ü 1-11   Braucht eine Versuchsbeschreibung eine Überschrift?

Ü 1-12   Nennen Sie drei Merkmale, die die Beschreibung eines Experiments im Laborbuch erfüllen soll.

Ü 1-13   Durch welche Informationen lässt sich die Beschreibung eines Experiments einleiten?

Ü 1-14   Welche „Teile" kann man gedanklich in der Aufzeichnung ausmachen?

Ü 1-15   Aus welchen Gründen könnte jemand zu einem späteren Zeitpunkt Ihr Laborbuch einsehen wollen?

Ü 1-16   Vergleichen Sie die Laborbuch-Aufzeichnung und den Bericht dazu in Beispiel B 1-12. Nennen Sie charakteristische Unterschiede!

2 Literaturarbeit

> ● In dieser Einheit erfahren Sie das Wichtigste über den richtigen Umgang mit der wissenschaftlichen Literatur bei Vorbereitung und Anfertigung einer Prüfungsarbeit.
>
> ■ Danach werden Sie bereits publizierte Ergebnisse bewusster aufnehmen und für den eigenen Gebrauch bereitstellen als zuvor, und Sie werden dafür rationelle Lösungen finden.

F 2-1 Was versteht man in den Wissenschaften unter „Literatur"?

F 2-2 Warum ist es wichtig, sich in der Literatur des gewählten Studienfaches auszukennen?

F 2-3 Welche Bedeutung hat die Fachliteratur für die eigene Prüfungsarbeit?

F 2-4 Wie können Sie über die Publikationen, die für Ihre Arbeit von unmittelbarer Bedeutung sind, einen Überblick gewinnen?

F 2-5 Gibt es Möglichkeiten der rechnergestützten Literaturverwaltung?

  9.1 bis 9.5

„Literatur" Jeder Fortschritt in den Wissenschaften baut auf bereits Bekanntem auf. Die Summe der bekannt gemachten, d. h. publizierten, Erkenntnisse bildet die wissenschaftliche Literatur. Jedes Fach, ja jedes engere Fachgebiet hat seine „Literatur". Während Ihres Studiums haben Sie von ihr und in ihr gelebt – bereits, als Sie ein Lehrbuch durcharbeiteten oder eine Vorschrift aus einem Praktikumsbuch ausführten.

Zugang zur Literatur Schon zu Beginn Ihrer Prüfungsbeit müssen Sie die für Ihre Problemstellung wichtigsten Publikationen kennenlernen, damit Sie den richtigen „Einstieg" finden und zu gegebener Zeit Ihre neuen Ergebnisse zu dem bereits Bekannten in Beziehung setzen können (s. Einheit 12). Hier zahlt es sich aus, wenn Sie sich während des Studiums eine Grundkenntnis der wichtigsten Handbücher, Nachschlagewerke und Zeitschriften Ihres Fachs verschafft haben. Auch müssen Sie wissen, wo und wie Sie diese Publikationen einsehen, benutzen oder auch ausleihen können.

Einstieg in das Thema
Wenngleich in den Naturwissenschaften und in den technischen Fächern der Anteil an Zeit, den ein zukünftiger Bachelor, Master oder Doktor in der Bibliothek oder an seinem Schreibtisch verbringt, sehr viel niedriger anzusetzen ist als in den Geisteswissenschaften, sollten Sie zunächst einige Tage mit „Einlesen" verbringen, sobald das Thema ausgegeben ist. Einige besonders wichtige Arbeiten wird Ihr Betreuer benannt haben. Mit Übernahme des Themas sind Sie in seinen Arbeitskreis eingetreten – Sie gehören zu seinen Mitarbeitern. Lassen Sie sich zeigen, welche besonderen Literatursammlungen dort vorhanden sind und auch Ihnen zur Verfügung stehen. Besorgen Sie sich bereits abgeschlossene Arbeiten, auf denen Ihre Untersuchung „aufsetzen" soll.

Literaturrecherche
Lassen Sie sich beraten, ob und ggf. wie eine gezielte Literaturrecherche schon zu Beginn der Arbeit durchzuführen ist. In vielen Fällen müssen Sie zu der Fragestellung Ihrer Prüfungsarbeit die Literatur selbst suchen. Wenn zu Ihrem Thema erst kürzlich ein Übersichtsartikel ("review") erschienen ist, haben Sie bestimmt einen guten Einstieg gefunden: Die in diesem Artikel zitierte Literatur kann weiterhelfen. Nach solchen Übersichtsartikeln können Sie – ggf. unterstützt durch Mitarbeiter Ihrer Hochschulbibliothek – in geeigneten Referateorganen (z. B. speziellen Literaturdatenbanken) Ihres Fachs gezielt suchen.

Kritischer Überblick
Wenn auch im Arbeitskreis Ihres Betreuers nur wenig – womöglich ältere – Literatur zu Ihrem Thema bekannt ist, müssen Sie sich den erforderlichen Überblick erst verschaffen. Die Situation ist heikel, vielleicht ergibt sich beim näheren Einblick in das schon Vorhandene, dass die Fragestellung nicht so gut oder neuartig ist wie beim ersten Anschein. Seien Sie kritisch, besprechen Sie sich mit Ihrem Betreuer und formulieren Sie die Aufgabe gegebenenfalls neu.

SCI
Neben den bekannten Referateorganen wie *Biological Abstracts*, *Chemical Abstracts* und *Physics Abstracts* (die meisten sind nur noch online zugänglich, ältere Ausgaben gibt es als Printmedien) bietet der *Science Citation Index* (SCI), der in vielen Universitätsbibliotheken steht, einen guten Zugang. Dieses multidisziplinäre Literaturverzeichnis besteht aus vier Teilverzeichnissen:

Bestandteile des SCI
– Dem *Citation Index,* dem Verzeichnis der zitier*ten* Schriften, genauer: dem Verzeichnis der Autoren, die im Berichtsjahr zitiert worden sind, und diesen zugeordnet die Namen der Autoren, die diese zitiert haben, samt Literaturzitat.

– Dem *Source Index*, dem Verzeichnis der zitier*enden* Schriften; es ist wie das Autorenverzeichnis herkömmlicher Bibliografien nach Autoren geordnet.

– Dem *Permuterm Subject Index* (aus "permuted terms" gebildeter Name), dem Sacherschließungsregister; es enthält alle aus zwei signifikanten Substantiven oder Adjektiven aller gespeicherten Titel im Berichtsjahr bestehenden Permutationen; neben jedem Stichwort-Paar stehen Unterstichwörter und daneben jeweils der Autor des verarbeiteten Aufsatzes.

– Dem *Corporate Index,* dem Register der Institutionen.

Der *Science Citation Index* wertet mehr als 3700 der wichtigsten Zeitschriften und damit ungefähr 90 % der wesentlichen wissenschaftlichen Literatur aus. Im Durchschnitt stehen in den verschiedenen Teilen pro Aufsatz 2 Autorennamen und 2 Eintragungen im *Corporate Index,* 15 Literaturangaben und 20 Wortkombinationen im *Permuterm Subject Index.* (Der gesamte *Science Citation Index* ist auch als DVD-ROM-Ausgabe und, in erweiterter Form, als Online-Datenbank verfügbar.)

Für Tagungsliteratur gibt es seit 1982 den *Index to Scientific and Technical Proceedings* und für Reviews den *Index to Scientific Reviews.*

Wenn Ihnen eine – selbst ältere – Arbeit bekannt ist, die sich mit dem Thema beschäftigt, können Sie über den *Source Index* alle diejenigen neueren (!) Arbeiten finden, die diese ältere Arbeit zitiert haben ("citation searching").

Arbeiten mit dem SCI

Wenn Sie nur über einige Begriffe verfügen, bietet der *Permuterm Subject Index* einen guten Zugang zu Aufsätzen: Suchbegriff-Paare, die Sie vorgeben, sind Literaturstellen zugeordnet, die Sie für weitere Recherchen in den anderen Teilverzeichnissen verwenden können.

Literatursammlung

Unabhängig von einer Literatursammlung in Ihrem Arbeitskreis werden Sie eine eigene Sammlung anlegen wollen. Es gibt viele Möglichkeiten, dies zu tun. Wir schildern hier einen bewährten Weg, der sich leicht auf den Computer übertragen lässt. Legen Sie eine eigene Literaturdatenbank auf Ihrem Rechner an, wenn Ihnen Karten zu großväterlich vorkommen! Sie benötigen dazu ein Datenbankprogramm wie ACCESS oder FILEMAKER. Aus den nachstehend beschriebenen Literaturkarten werden dann Datensätze, aus den einzelnen Merkmalen darauf „Felder", die Sie nach Ihren Erfordernissen selbst definieren oder – bei ENDNOTE – wie vorgegeben benutzen können.

Für die konventionelle Vorgehensweise werden benötigt

1. eine Autorenkartei,
2. Literaturhefte.

Zu 1:

Autorenkartei

– Legen Sie zu jeder Publikation, die Sie gelesen haben oder noch lesen wollen, eine Karte im Format A6 (Postkartengröße) an: Ein Dokument, eine Karte. Verzeichnen Sie darauf den Namen des Autors oder die Namen aller Autoren sowie sämtliche Angaben, die zum Identifizieren und Auffinden des Dokuments erforderlich sind. Diese „bibliografischen Angaben“ sind dieselben, die Sie später für das korrekte Zitieren brauchen, wenn Sie Ihr Literaturverzeichnis (s. Einheit 15) zusammenstellen.

– Versehen Sie jede Karte mit einer Arbeitsnummer (Dokumentnummer), aufsteigend chronologisch nach Aufnahme des Dokuments in die Kartei.

– Tragen Sie die Nummern in ein Register ein, zusammen mit den – ggf. verkürzten – bibliografischen Angaben, so dass Sie die Belege (Karten) auch über die Nummern finden können.

– Stellen Sie die Karten alphabetisch nach Autor oder Erstautor/Zweitautor in Karteikästen auf, benutzen Sie das Publikationsjahr als zusätzliches Ordnungsmerkmal (vgl. Namen-Datum-System in Einheit 15).

– Schreiben Sie Schlag- oder Stichwörter auf die Karten, oder was Ihnen sonst wichtig erscheint. Kleben Sie ggf. eine Kopie der Zusammenfassung der Arbeit auf die betreffende Karte.

Literaturkarte

Wie eine solche Literaturkarte aussehen kann, zeigt Abb. 1-1.

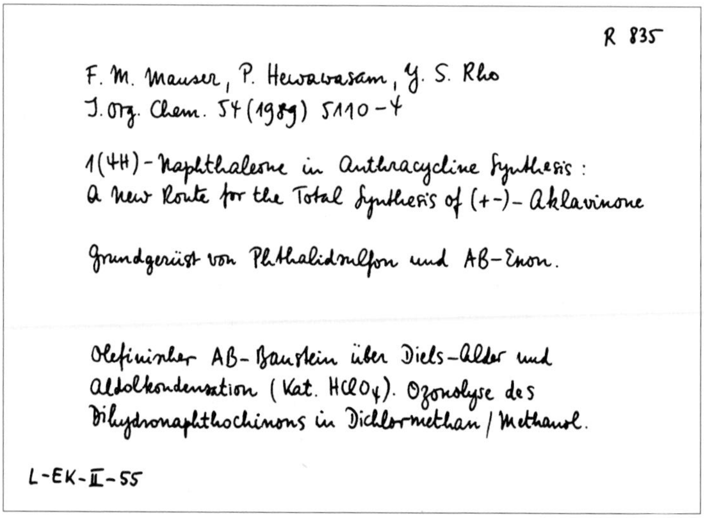
R 835
F. M. Hauser, P. Hewawasam, Y. S. Rho
J. Org. Chem. 54 (1989) 5110-4
1(4H)-Naphthalenone in Anthracycline Synthesis:
A New Route for the Total Synthesis of (+-)-Aklavinone
Grundgerüst von Phthalidsulfon und AB-Enon.
Olefinischer AB-Baustein über Diels-Alder und
Aldolkondensation (Kat. $HClO_4$). Ozonolyse des
Dihydronaphthochinons in Dichlormethan / Methanol.
L-EK-II-55

Abb. 1-1. Beispiel für eine Literaturkarte mit Registriernummer (rechts oben) und Hinweis auf Literatursammlung (links unten).

Zu 2:

Literaturhefte – Wenn Sie mehr über die Inhalte der Arbeiten festhalten wollen, können Sie dies in Literaturheften tun. Sie können dort nach Belieben exzerpieren.

– Stellen Sie jedem Eintrag die (Kurz-)Bibliografie und die Arbeitsnummer der zugehörigen Literaturkarte voran.

– Verwenden Sie Notizbücher mit festem Einband, nummerieren Sie die Seiten.

– Verweisen Sie von den Literaturkarten auf die betreffenden Seiten in den Heften.

– Machen Sie einen weiteren Hefteintrag, wenn Ihnen Ihr früheres Exzerpt nicht auszureichen scheint.

– Wenn Ihnen die fest gebundene Form nicht zusagt, verwenden Sie Ringbücher; legen Sie nach Bedarf Blätter ein.

– In Ringbücher können Sie auch Kopien oder Sonderdrucke einhängen; verwenden Sie dafür Prospekthüllen.

Exzerpte Wenn Sie Literaturhefte mit Einträgen nach aufsteigenden Dokumentnummern führen und alle Dokumente darin berücksichtigen, können Sie auf ein eigenes Nummernregister verzichten. Allerdings werden Ihre Exzerpte umfangreich sein und möglicherweise mehrere Hefte oder Ringbücher (die Sie als L1, L2 ... bezeichnen können) füllen – vor allem dann, wenn Sie sich laufend über die Entwicklung auf dem Gebiet informiert halten.

Dokumentnummern Sie haben sich somit ein nützliches Ordnungsinstrument geschaffen. Die Dokumentnummern – von Programmen werden sie automatisch als Datensatznummern bereitgestellt – können Sie für Querverweise innerhalb Ihrer Literatursammlung, zur Kennzeichnung und Ordnung von Sonderdrucken und Kopien sowie als Platzhalter für spätere Zitatnummern (s. Einheit 15) in den ersten Fassungen Ihrer Prüfungsarbeit verwenden.

Computer Eines leistet die „klassische Literatursammlung" nicht: die gezielte Suche nach Sachverhalten. Nur in einer computerisierten Literatursammlung können Sie – ggf. nach entsprechender Aufbereitung – nach Schlagwörtern und nach freien Stichwörtern (z. B. nach Begriffen in Titeln) suchen. (Auch hier bewähren sich die Dokumentnummern.) Die Schlagwörter können Sie selbst definieren, wenn Sie es nicht vorziehen, das System der Schlagwörter und Unterschlagwörter des für Ihr Fach maßgeblichen Dokumentationssystems (z. B. *Chemical Abstracts*, *Biological Abstracts*, *Index Medicus*) anzuwenden.

Noch mehr als die üblichen, auch für andere Zwecke einsetzbaren Datenbankprogramme leisten solche, die speziell für die Literaturverwaltung entwickelt worden sind (wie ENDNOTE oder REFERENCE MANAGER). Sie gestatten die enge Verknüpfung mit Daten im Internet oder in anderen Quellen und eröffnen allein dadurch eine neue Dimension für Ihre Literaturarbeit.

Ü 2-1   Was versteht man unter einer Literatursammlung? Ist Ihnen noch ein anderes Wort dafür geläufig?

Ü 2-2   Warum heißt die meist verwendete Form der Literatursammlung Autorenkartei?

Ü 2-3   Welche Zwecke erfüllen Dokumentnummern?

Ü 2-4   Nennen Sie Eintragungen, die auf einer Literaturkarte stehen müssen, und solche, die vorhanden sein können.

Ü 2-5   Warum werden konventionelle Literatursammlungen als Autoren- und nicht als Sachkarteien angelegt?

Ü 2-6   Wie kann man in der Literatursammlung Arbeiten mit bestimmten inhaltlichen Merkmalen finden?

Ü 2-7   Nennen Sie Merkmalskategorien, die Sie mit Ihrer Dokumentation bevorzugt erschließen möchten.

Ü 2-8   Entwerfen Sie ein Raster von Eigenschaften, Begriffen, Sachverhalten usw., die in Ihrer Dokumentation im Idealfall recherchierbar sein sollten.

3 Vorbereiten, Gliedern, Entwerfen

● In dieser Einheit erfahren Sie von Dingen, die Sie besser erledigen, bevor Sie mit dem Schreiben beginnen.

■ Die Lektüre dieser Einheit soll Ihnen ein Gefühl dafür vermitteln, dass die gestellte Schreibaufgabe einer Arbeitsvorbereitung und Planung bedarf; sie soll Ihnen außerdem die anfängliche Angst vor dem blanken Papier nehmen.

F 2-1 Wann beginnt man mit dem Schreiben der Prüfungsarbeit?

F 2-2 Welche Unterlagen müssen zur Hand sein?

F 2-3 Welche Richtlinien sind zu beachten?

F 2-4 Wieviel Zeit ist zu veranschlagen?

F 2-5 Wie gliedert man den Stoff?

F 2-5 Wie wird die Arbeit zu Papier gebracht?

 1.4.2, 2.3.1

Zusammenschreiben Im Beruf stehende Naturwissenschaftler verbinden mit der Zeit, die sie im Rahmen ihrer Bachelor- und Masterarbeit oder als Doktorand im Labor verbracht haben, meist gute Erinnerungen. Man hatte klare Vorstellungen, was an jedem Tag zu tun war, und man war nicht gänzlich auf sich allein gestellt. Im Vergleich dazu war das „Zusammenschreiben" der Ergebnisse und deren Deutung ein einsamer, an einem Tag nervtötender und am anderen Tag langweiliger Vorgang. Man fühlte sich unter Zeitdruck, und gelegentlich kam Panik auf, wenn sich die zusammengetragenen Mosaiksteine zu keinem Bild fügen wollten.

Laborbuch und Literatursammlung Lassen Sie die Vorbereitungen dazu an dem Tag beginnen, an dem Sie das Thema entgegennehmen, nicht erst, nachdem Sie den Labormantel in die Ecke gehängt haben. Unverzichtbar bei der Niederschrift sind gut geführte Laborbücher (s. Einheit 1) und eine eigene Literatursammlung (s. Einheit 2). Ein Experiment nicht rechtzeitig bedacht und durchgeführt zu haben ist ebenso schädlich wie zu späte Kenntnis von wichtigen Publikationen, die mit dem Thema in Zusammenhang stehen.

Zwischenberichte

Es gibt nur einen Weg, um Pannen dieser Art zu vermeiden: das Abfassen von Zwischenberichten in regelmäßigen Abständen, beispielsweise von einem Vierteljahr bei einer Dissertation. Hier geben Sie sich und dem Betreuer der Arbeit Rechenschaft, ob die Dinge den erwarteten Gang nehmen, ob die Ergebnisse der Experimente sich zu einem Bild fügen, welche Strategien geändert werden müssen, welcher zusätzlichen Methoden es bedarf, welche Ergebnisse noch fehlen. Das Abfassen von Zwischenberichten sollten Sie *sich selbst* zur Pflicht machen, wenn es Ihnen nicht abverlangt wird.

Form von Zwischenberichten

Zwischenberichte stehen zwischen Laborbuch und Prüfungsarbeit oder Publikation. Sie werden in $1^1/_2$ - oder 2-zeiligem Abstand, einseitig, mit dem Computer (selten von Hand) auf A4-Blätter ausgedruckt. Geben Sie Namen und Datum, Arbeitstitel des Projekts, Berichtsnummer und Gegenstand des Berichts an, z. B.

B 3-1 Die Mikrofauna der Enz
Staatsexamensarbeit Franziska Müller
3. Zwischenbericht, 12.5.2008
Weitere Freiland- und Laboruntersuchungen, BSB-Messungen

B 3-2 Mechanismus der Desoxymercurierung
Paul Wunstein
1. Bericht: Konfiguration von 2-Acetoxy-3-chloromercurinorbornan
                aus Norbornen
Heidelberg, Nov. 2008

Schildern Sie kurz den Hintergrund und die Zielsetzung, verweisen Sie ggf. auf frühere Berichte, und nennen Sie die wichtigste Literatur.

Stil der Eintragungen

Werten Sie Ihre Laboraufzeichnungen aus, bringen Sie verständliche Versuchsbeschreibungen zu Papier in einem Stil, wie er Ihnen ähnlich auch von den Publikationen in Fachzeitschriften vertraut ist. Bei der Aufzeichnung von experimentellen Einzelheiten, Beobachtungen oder Begleitumständen sollten Sie ausführlicher sein als die Verfasser veröffentlichter Berichte (s. auch Einheit 14).

Imperfekt

Formulieren Sie die Versuchsbeschreibungen im Imperfekt: dies ist der angemessene Ausdruck für einen Bericht. Die erzählerische Ich-Form passt wenig zu der nüchternen naturwissenschaftlich-technischen Umgebung. Dann bleibt nur, die Sachen selbst tätig sein zu lassen, z. B.

B 3-3 Die Substanz kristallisierte in farblosen Nadeln, die bei 72,5...73,8 °C (Kofler-Bank, 1 °C/min) ohne Zersetzung schmolzen.

Passiv

oder im Passiv zu formulieren:

B 3-4 ... wurde titrimetrisch bestimmt.

Präsens

Einen Teil einer Versuchsbeschreibung in typischer Berichtsform zeigt das Beispiel B 1-12 b in Einheit 1. Es handelt sich um die Umwandlung der in B 1-12 a vorgestellten Eintragung in einem Laborbuch. Beachten Sie, dass der Berichterstatter im letzten Satz auf das aktivere Präsens springt, indem er unterstellt, dass die Substanz das bestimmte Verhalten immer zeigt, nicht nur an jenem Apriltag. Erzeugen Sie aber in Ihren Berichten keinen „Zeitsalat". Überlegen Sie, welche Zeitform angemessen ist, und wechseln Sie das Tempus nicht öfter als notwendig.

So abgefasste Versuchsbeschreibungen können oft unverändert in die Bachelor-, Master- oder Doktorarbeit übernommen werden. Deren „Experimenteller Teil" ist durch gute Zwischenberichte bestens vorbereitet.

Zeitplan

Unterschätzen Sie dennoch den „verbleibenden" Aufwand für das Abfassen der Prüfungsarbeit nicht. Beginnen Sie mit dem Schreiben erst, nachdem alle Experimente abgeschlossen sind. Reservieren Sie sich einen abgeschirmten Platz und genügend Zeit. Lassen Sie sich möglichst nicht durch andere Beschäftigungen ablenken. Machen Sie sich einen Zeitplan:

Tagespensum

Wenn Sie zwei Monate ansetzen, müssen Sie täglich etwa zwei Seiten Ihrer Schrift (gerechnet über die verschiedenen Entwicklungsstadien) zuwege bringen. Das sollte zu schaffen sein. Richten Sie Ihren Zeitplan auf den Abgabetermin (wenn es einen gibt) aus,*) reservieren Sie Zeit für verbesserte Fassungen und die Reinschrift. Lesen Sie sich nicht in der Literatur fest. Wenn Sie laufend an Ihrer Dokumentation gearbeitet haben, brauchen Sie sich nicht jetzt auf Wochen in die Bibliothek zurückzuziehen.

Verbindung zum Labor

Brechen Sie Ihre „Zelte" im Labor nicht unnötig früh ab. Lassen Sie eine Apparatur, die speziell für Ihre Messungen wichtig war, stehen, und geben Sie Untersuchungsgut wenn möglich nicht aus der Hand: Es könnte sich (trotz aller Umsicht) als notwendig erweisen, die eine oder andere Messung nachzuholen oder zu wiederholen.

Gliederung

Entwerfen Sie eine Gliederung. Die Bestandteile Ihrer Prüfungsarbeit können (müssen aber nicht) mit

– Zusammenfassung
– Einleitung
– Ergebnisse
– Diskussion
– Schlussfolgerungen

---

* In den meisten Fächern und Fakultäten werden heute Bearbeitungszeiten vorgeschrieben. Vor allem Staatsexamensarbeiten müssen angemeldet und innerhalb der Frist, die möglicherweise nur 6 Monate beträgt, abgeschlossen werden. Wer den Termin nicht einhält, ist durchgefallen, bevor die Prüfung begonnen hat!

– Experimenteller Teil

– Literatur

dem Standardaufbau (s. auch S. 46) folgen, der auch den Originalpublikationen in vielen naturwissenschaftlichen oder technischen Fachzeitschriften zugrunde liegt. (In günstigen Fällen können Prüfungsarbeiten
daher leicht in Publikationen umgewandelt werden, wozu vielleicht nur
gekürzt werden muss.) Die Teile sind zu benummern, die größeren von
ihnen – besonders „Ergebnisse", „Diskussion" und „Experimenteller Teil"
– weiter zu untergliedern. Es sind aber auch andere Gliederungsraster denk-
bar – vor allem in technischen Disziplinen und in der Physik –, wofür sich
Beispiele in Einheit 8 finden.

Cluster-Methode   In welcher Reihenfolge sollen Gedanken entwickelt, sollen Experimente
vorgestellt werden? Vielleicht hilft es Ihnen, an dieser Stelle einen A3-
Bogen zur Hand zu nehmen und die Dinge, die es zu berichten gilt, stich-
wortartig über die Fläche verteilt zu notieren, so, wie sie Ihnen einfallen.
Sie können auch für jeden der großen Gliederungspunkte ein eigenes Blatt
vorsehen. Zusammengehörendes – als Ideen-„Cluster" – wird „von allein"
in der Nähe zu stehen kommen, weil die Dinge in Ihrem Kopf vorstruktu-
riert sind. Wenn nichts mehr fehlt, prüfen und verbessern Sie die entstan-
denen Ordnungen. Umranden Sie Areale, die eine Einheit bilden. Verbinden Sie mit Linien, was zusammengehört, fügen Sie dann Pfeilspitzen ein,
um Abfolgen zu symbolisieren. Vergeben Sie schließlich Nummern.

Lassen Sie sich bei Ihren „Phantasien" von Fragen leiten wie:

– Warum ist das Thema interessant? (Einleitung)
– Worauf kann ich mich stützen? (Theoretische Grundlagen)
– Welche Werkzeuge benutze ich? (Apparatives)
– Was mache ich mit den Werkzeugen? (Experimentelles)
– Was kommt dabei heraus? (Ergebnisse)
– Wie lassen sich die Ergebnisse verstehen? (Diskussion)
– Welche Folgerungen, Auswirkungen und Perspektiven lassen sich ab-
  leiten? (Schlussfolgerungen)

Gliederungsansicht   Anstelle der Cluster-Methode können Sie auch Ihr Textverarbeitungssystem benutzen, wenn es eine eigene Funktion „Gliederungsansicht" besitzt. Spezieller Programme, um eine „Outline" – einen Umriss Ihrer Arbeit – zu erstellen, bedarf es unseres Erachtens nicht.

Ordnungen (hierarchische Strukturen) stellen Sie durch Zahlenfolgen wie

B 3-6   2.5.3

her. Diese Abschnittsnummer wäre der dritten Unter-Untereinheit der fünf-
ten Untereinheit der zweiten Hauptgliederungseinheit zuzuordnen. Wenn

Sie das Ganze in der Zahlenabfolge als Liste aufschreiben, haben Sie den Gliederungsentwurf. Er wird später nach einigen Verbesserungen und Ergänzungen, die sich während des Schreibens ergeben, als „Inhaltsverzeichnis" der Arbeit vorangestellt (s. Einheit 8).

Beginn des Schreibens

Jetzt, und nicht vorher, können Sie mit dem Schreiben beginnen. Es ist fast gleichgültig, an welcher Stelle Sie zuerst den Kugelschreiber ansetzen, Angst vor dem leeren Blatt Papier brauchen Sie nach dieser gedanklichen Vorarbeit nicht zu haben.

Textentwurf

Schreiben Sie zügig, ohne auf sprachliche Richtigkeit oder Eleganz zu achten. Verbesserungen dieser Art sind einer späteren Bearbeitungsstufe (s. Einheiten 4 und 5) vorbehalten. In diesem Stadium der Manuskriptherstellung kommt es darauf an, die Gedanken folgerichtig zu entwickeln. Was Sie schreiben, ist zunächst lediglich ein Entwurf.

Abschriften Reinschrift

Überlegen Sie, welcher Abschriften es bedarf und wer ggf. bereit ist, Ihre Handschrift in ein Textverarbeitungssystem einzugeben, wenn Sie es nicht selbst tun wollen (s. Einheit 5). Und nicht zuletzt: Besorgen Sie sich Richtlinien Ihrer Hochschule oder Ihres Fachbereichs darüber, wie die Reinschrift der Arbeit aussehen soll, damit Sie vom Start weg keinen Fehler machen. Angenommene Arbeiten des Arbeitskreises oder des Instituts mögen als Vorbild dienen.

Ü 3-1 Nennen Sie noch einmal die wichtigsten Unterlagen, die Sie für das Schreiben der Prüfungsarbeit brauchen. Wie können Sie sich gegen Verlust schützen?

Ü 3-2 Wann können Sie mit dem Schreiben beginnen? Liegt es ganz in Ihrem Ermessen, den Zeitpunkt festzulegen?

Ü 3-3 Stellen Sie sich vor, Ihre Aufgabe im Labor sei es gewesen, bei einigen verwandten Tierarten ein bestimmtes Organ zu vermessen. Dabei sollten verwandtschaftliche Gemeinsamkeiten und Unterschiede analysiert werden. Insbesondere hoffte man, aus dem Feinbau des Organs etwas über seine Funktion zu erfahren und diese mit der Lebensweise der einzelnen Vertreter der Tierfamilie und mit deren Angepasstheit an die jeweiligen Lebensräume in Beziehung setzen zu können. Sie mussten dazu die Organe präparieren und zur Vermessung mit Hilfe eines Mikrotoms in Schnitte zerlegen. Um die Dreidimensionalität des Organs zu erfassen, bedurfte es außer der Messung bestimmter Längen, Breiten und Dicken noch der Festlegung eines Koordinatensystems als Grundlage für die räumliche

Rekonstruktion. Für die Auswertung der gemessenen Ortskoordinaten, die Fehleranalyse und die Glättung der Messwerte wurde ein Rechenprogramm eingesetzt. Außerdem war die Aufgabe gestellt und von Ihnen gelöst worden, die Verteilung von Rezeptorzellen und Neuronen in bestimmten Arealen des Organs zu ermitteln. – Wie könnte die Gliederung aussehen?

4 Schreibstil

● Diese Einheit macht auf einige verbreitete Sprachschwächen in naturwissenschaftlich-technischen Texten aufmerksam.

■ Wenn Sie diesen Text aufmerksam gelesen haben, werden Sie Ihren eigenen Stil kritischer betrachten und einige Fehler beim Schreiben Ihrer Prüfungsarbeit und in Ihren späteren Publikationen vermeiden.

F 4-1 Gibt es „Stilnormen" für wissenschaftliche Texte?

F 4-2 Kann man Stil lernen?

F 4-3 Warum sollte es erforderlich sein, eine wichtige Sache auch noch in guter Sprache mitzuteilen?

F 4-4 Hat die Sprache der Naturwissenschaften und der Technik besondere Merkmale gegenüber der allgemeinen Sprache?

F 4-5 Gibt es besondere Fachsprachen?

▷ | 10.1 bis 10.3 |

Wörter Nähern wir uns der Sprache und ihren Fallgruben in einer pragmatischen Weise, und beginnen wir bei den kleinsten Einheiten der Sprache, den Wörtern! Schon im einzelnen Wort steckt der Teufel: Man kann es falsch schreiben und beugen, man kann es sinnentleert oder sinnwidrig gebrauchen; manche Wörter sind gänzlich überflüssig, und wieder andere werden von uns ungerechterweise gemieden und durch weniger gute verdrängt.

Duden Für Ihre ersten Textentwürfe brauchen Sie sich um sprachliche Feinheiten nicht zu kümmern (s. Einheit 3). Eine Reinschrift sollten Sie sich aber nicht vornehmen, ohne den Rechtschreibe-Duden oder ein anderes Wörterbuch wie *Wahrig: Rechtschreibung* zur Hand zu haben. Dort finden Sie nicht nur die offizielle Schreibweise einschließlich der Silbentrennung für weit über 100 000 Wörter, sondern auch Angaben zur Beugung und zum Genus: Wenn es „das Virus" heißt, wäre es peinlich, wenn Sie „der Virus" schrieben; jedenfalls würden Sie damit die Fachsprache verlassen.

Wenn Sie „scheinbar" mit „anscheinend", „vielfach" mit „vielfältig", „verschieden" mit „unterschiedlich", „obwohl" mit „trotzdem" verwechseln, unterlegen Sie den Wörtern einen Sinn oder eine Funktion, die ihnen nicht zukommt. Oft kann man darüber nur Klarheit gewinnen, indem man sich nach der Herkunft (der Etymologie) eines Wortes erkundigt. Hierüber und speziell über verwechselbare und oft verwechselte Wörter gibt es eigene Bücher (z. B. in der Reihe *Duden*), in die Sie gelegentlich schauen sollten.

Füllwörter
Meist überflüssig sind Füllwörter wie

B 4-1 a   ja, wohl, eben, nun einmal, doch, sicher.

Manche von ihnen sollen einschränken („wohl"), manche unterstreichen („sicher") – man kann sie meist ohne Verlust weglassen. Dasselbe gilt für steigernde Wörter

b   besonders, sehr, überaus, außerordentlich,

die sich in ihrer Häufung abnutzen und einen Text unglaubwürdig machen.

B 4-2   Das Verfahren ist sicher.
Das Verfahren ist sicher auch nicht ergiebiger als das frühere.

Der erste Satz ist eine konkrete Aussage: „sicher" ließe sich darin durch einen Zusatz wie „…im Sinne der Technischen Regel XY" ergänzen. Im zweiten Satz ist „sicher" sinnentleert und kann mitsamt „auch" entfallen.

Beiwörter
Schmückende Beiwörter (Adjektive) gehören nicht in einen wissenschaftlichen Text. Eine Kaffeemühle ist eine Kaffeemühle und nicht die „gute alte Kaffeemühle".

bzw., darstellen
Fast immer sinnlos werden die Wörter „beziehungsweise" (bzw.) und „darstellen" angewendet. Sinnlos im ersten Fall, weil sich meistens nichts bezieht; gemeint ist „und" oder „oder", der Schreiber kann sich nur nicht entscheiden und schreibt stattdessen „bzw.". Das „stellt dar" etwa in

B 4-3   X stellt eine Bedrohung für die Vogelwelt dar

ist eine Aufblähung für „ist" oder „bedeutet". Offenbar *ist* X eine Bedrohung, oder noch treffender wäre gewesen: „X bedroht die Vogelwelt".

„Substantivitis"
Das letzte Beispiel steht gleichzeitig für eine andere Sprachsünde: die Unterdrückung der Verben. Verben sind Tätigkeitswörter, sie geben der Sprache Kraft und verleihen Ihren Aussagen Bewegung, Dynamik. Reihen Sie sich nicht bei den Autoren ein, die nur noch in Sachen und Begriffen, also in Substantiven (Nomina), denken können, etwa in Wendungen wie

B 4-4   … in Anschlag bringen
… zum Einsatz kommen

anstelle von „veranschlagen", „eingesetzt werden" (Nominalstil, „Substantivitis"). Die substantivische Umschreibung einer Tätigkeit gehört zu den
häufigsten Mängeln in Schriftstücken (vgl. Ü 4-8 und Ü 4-9; *sprechen* wird
niemand in dieser Weise). Hässlich ist dabei schon die Aufblähung: Substantiv und Ersatzverb sind länger als das eine Wort für eine bestimmte
Handlung. Hier weitere Beispiele:

B 4-5   Eine Zunahme (Abnahme, Steigerung ...) ergab sich (trat ein, fand statt, ...)
         besser: ... nahm zu (nahm ab, stieg).

Versuchen Sie also, möglichst viele Verben zu verwenden – gemeint sind
nicht die abgedroschenen wie „erfolgen", „sich ergeben", sondern solche,
bei denen sich wirklich noch etwas „tut" – und möglichst viel Gehalt in
sie zu legen. Verwenden sie möglichst oft das Aktiv, das ist schließlich
die angemessene Form für ein „Tätigkeitswort". In wissenchaftlichen Texten führt das freilich in ein Dilemma: Wenn ich mich nicht selbst in eine
Handlung einbringen will, etwa bei der Beschreibung eines Experiments,
dann muss ich sagen, was den Dingen durch mich geschah, d. h., ich muss

Aktiv – Passiv   das Passiv verwenden. Eine Häufung von Passivkonstruktionen ist keine
sprachliche Zierde eines Textes, darin stimmen alle überein. Das Problem
ist aber eng damit verknüpft, ob und wie oft wir in wissenschaftlichen
Texten uns selbst als „1. Person" („ich" und „wir" in der Grammatik) einbringen wollen. Die leidige Frage lässt sich unter rein sprachlichen Gesichtspunkten nicht beantworten.

Adjektive   Nicht nur Substantive, sondern auch Adjektive verdrängen manchmal Verben, auch dieser Neigung sollte man nicht nachgeben. Statt der nachstehenden Konstruktionen verwenden Sie besser die in Klammern stehenden Ausdrücke:

B 4-6   ... ist abhängig (hängt ab)
         ... ist geeignet (eignet sich)
         ... ist gleichbedeutend mit (bedeutet so viel wie)

Fremdwörter   Eine andere Art von Gespreiztheit ist der übermäßige Gebrauch von
Fremdwörtern. In den Fachsprachen ist nicht viel dagegen auszurichten,
dass zahllose Wörter heute aus dem Englischen übernommen werden. Aber
es gibt Grenzen, vor allem dort, wo für eine Sache schon ein deutsches
Wort vorhanden ist. Besonders anfällig ist in dieser Hinsicht die Sprache
in der Datenverarbeitung, beispielsweise lassen sich

B 4-7   Backup-Kopie, Inkjet-Printer, Harddisk

leicht ersetzen durch „Sicherungskopie", „Tintenstrahldrucker", „Fest-
platte". Hüllen Sie sich nicht in Fremdwörter, nur um Ihren Text wissenschaftlicher klingen zu lassen.

zusammengesetzte Wörter

Eine Eigenart des Deutschen ist die Bildung zusammengesetzter Wörter. Setzen Sie gelegentlich (und einheitlich im gesamten Manuskript!) einen Bindestrich, um die Art der Zusammensetzung sichtbar zu machen:

B 4-8
Dreiphasen-Drehstrommotor
Acetessigester-Molekül
Struktur-Wirkung-Beziehung

Bedeutung von Wörtern

Sorgfältig schreiben heißt darauf achten, dass Wörter zusammenpassen. Wörter haben ihre eigene Ausstrahlung, sie gehören in bestimmte Umgebungen – verwenden Sie sie ihrer Art gemäß!

Lassen Sie ihre Ur-Bedeutungen „zu Wort kommen", beispielsweise wenn Sie Verben zu Substantiven stellen:

B 4-9
... einen Weg einschlagen (beschreiten, auswählen ...);
    nicht: vornehmen
... eine Frage klären (beantworten); nicht: lösen
... eine Aufgabe lösen (angehen, bewältigen); nicht: erledigen

Man kann

B 4-10
ein Problem aus mehreren Blickwinkeln betrachten,
sich ihm aus mehreren Richtungen nähern,
es von mehreren Seiten beleuchten,
es einkreisen.

Aber es wäre schlecht zu schreiben „Das Problem wurde unter mehreren Blickwinkeln beleuchtet", in diesem Bild stimmt etwas nicht (man braucht zum Beleuchten keinen Blick, sondern eine Lampe).

Wortbilder

Jede Sprache entwickelt ihre eigenen Wortbilder. Im Deutschen heißt es bäuerlich richtig: „eine Wurzel ziehen", aber der englische Mathematiker „nimmt" die Wurzel (to take the root). Manchmal ist man nicht sicher, was richtig oder gebräuchlich ist. Wird eine Größe gegen eine andere an-, auf- oder abgetragen? Wenn Sie keine Quelle zur Hand haben, verlassen Sie sich auf Ihr Sprachgefühl, aber bleiben Sie dann bei einem bestimmten Ausdruck.

Es ist schon viel gewonnen, wenn Sie darüber einen Augenblick nachgedacht haben. Dann vermeiden Sie Fehler wie den folgenden:

B 4-11
... das Auftreten von X im Eluat wurde gemessen.

Kann man Auftreten messen? Auch hier passen Subjekt und Prädikat, Substantiv und Verb nicht zusammen. Der Satz scheint tatsächlich etwas zu verschleiern, als ob der Autor selbst nicht sicher wäre, was er gemacht hat. Vielleicht war gemeint: „Das Auftreten von X im Eluat wurde notiert (registriert)" oder „die Konzentration (Menge?) von X im Eluat wurde gemessen" oder „der zeitliche Anstieg der Konzentration von X im Eluat wurde verfolgt".

Terminologie   Verwenden Sie für einen fachsprachlich (terminologisch) festgelegten Begriff immer nur dieselbe – offizielle – Bezeichnung. Ein Fußballreporter kann aus einem Schiedsrichter einen Pfeifenmann, Schwarzkittel oder Referee machen – in einem wissenschaftlichen Text so zu verfahren, würde Verwirrung stiften und wäre das Ende jeglicher Dokumentation.

Länge von Sätzen   Die kleinsten Botschaften sind nicht Wörter, sondern Sätze. Wie lang sollen Sätze sein? Es gibt keine empfehlenswerte Einheitslänge, die Sprache lebt vom Wechsel. Eine Abfolge ähnlich langer, ähnlich konstruierter Sätze wäre eintönig. Ein Nebeneinander kurzer und langer Sätze wirkt kraftvoll und bewegt. Allgemein gilt: Deutsche Sätze werden seit Jahrzehnten immer kürzer, die Satzgefüge werden immer einfacher. Sie nähern sich damit der gesprochenen Rede, und das ist gut so. Besonders mehrfach ineinander geschachtelte Satzgefüge vermeidet der moderne Schreibstil, der sachlich, gezielt, schnörkellos sein will.

dass-Sätze   An manchen Stellen verstoßen Autoren ganz ohne Not gegen dieses Gebot. Beispiele sind die „dass"-Sätze, von denen viele unnötig sind:

B 4-12   Es ist bekannt, dass ... (bekanntlich)
Es steht zu vermuten, dass ... (vermutlich)
Daraus folgt, dass ... (folglich)
Es ist nicht anzunehmen, dass ... (kaum)
Hierbei ist zu berücksichtigen, dass ... (allerdings)
Es ist erforderlich, dass ... (muss, müssen)

Aussage im Hauptsatz   In Klammern stehen jeweils die besseren Lösungen. Wie die Beispiele zeigen, können Sie ganze Satzkonstruktionen durch ein einziges Wort ersetzen; Sie sparen ein Komma, gewinnen an Kürze und Prägnanz und vor allem: Sie verlagern die wichtige Aussage vom Nebensatz (dass ...) wieder in den Hauptsatz, wohin sie gehört.

Manchmal gelingt dies durch geringfügige Umstellungen:

B 4-13 a   Wir haben gezeigt, dass ... ist.
Mit diesem Experiment konnte gezeigt werden, dass ... ist.

wird besser ersetzt durch

b   Wie wir gezeigt haben, ist ...
Wie mit diesem Experiment gezeigt werden konnte, ist ...

Satzzeichen   Sätze müssen keineswegs immer durch den Punkt abgeschlossen werden. Gelegentlich einen Strichpunkt, Doppelpunkt oder Gedankenstrich einzusetzen, lockert auf. Schließlich können Sie auch zwei Hauptsätze durch Komma verbinden, und für die Frage und den Ausruf gibt es bekanntlich eigene Abschlusszeichen. Nutzen Sie diese Möglichkeiten!

Länge von Absätzen   Eine Folge kleiner Botschaften (Sätze) bildet in einem Schriftstück einen Absatz. Wie lang soll ein Absatz sein? Auch dafür gibt es keine Regel, wiederum kann der Wechsel zwischen kurz und lang reizvoll sein. Ein wichtiger Satz kann für sich allein stehen. Lassen Sie Absätze nicht über mehr als eine drittel Seite laufen. Vier bis acht Sätze pro Absatz sind ein gutes Maß. Durch Absatzbildung tragen Sie dazu bei, die Seiten Ihres Schriftstücks zu strukturieren. Ein „Endlos-Text" wirkt unästhetisch und ermüdet den Leser.

Inhalt von Absätzen Absätze zu bilden zwingt Sie, den Autor, Ihre Gedanken zu ordnen. Jeder Absatz sollte einem bestimmten Gegenstand oder einem bestimmten Gedanken gewidmet sein, geradeso als trüge er eine Überschrift. (In diesem Buch sind die Stichwörter am Rand solche „Überschriften".)

Fragen Sie sich beim Schreiben, ob Sie jeden Absatz in Gedanken mit einem Etikett versehen können. Ist dies nicht der Fall, so mangelt es dem Text an innerer Ordnung.

Eröffnungssätze Wenden Sie vor allem dem ersten Satz eines Absatzes Ihre Sorgfalt zu. Lassen Sie den Leser sofort wissen, worum es geht. Führen Sie mit den folgenden Sätzen den Gedanken aus, leiten Sie mit dem letzten auf den nächsten Gedanken über. Wenn Sie in diesem Text bis zur Randbemerkung „Länge von Absätzen" zurückgehen, haben Sie dafür ein Beispiel. Der Eröffnungssatz enthält an markanter Stelle (vor dem Punkt) das Schlüsselwort: Absatz. (Vorher war von etwas anderem die Rede.) Er definiert, was ein Absatz ist. Es folgen einige Ausführungen über die Länge von Absätzen. Der Schlusssatz gibt das Stichwort („Leser") für den Eröffnungssatz des nächsten Absatzes („Autor").

Experimenteller Teil In einem „Experimentellen Teil" erwartet man vom ersten Satz die „Inhaltsangabe" eines Versuchsprotokolls.

B 4-14 Der Einfluss von X auf Y wurde unter Z-Bedingungen gemessen.

Die nachfolgenden Sätze sind dann die „Ausführungsbestimmungen" („... dazu wurden ..."). Das Kennwort kann auch in einem Halbsatz stecken, z. B.

B 4-15 Zur Herstellung der Enzym-Lösungen wurden ...
Zur Ermittlung der Permeation wurde ...
Mit Hilfe des AAA wurde nun ......

Schlusssätze Mit dem Schlusssatz des Absatzes können Sie bestätigen, dass Sie am Ziel angekommen sind, z. B.

B 4-16 ... und die überstehende Flüssigkeit wurde als Enzym-Lösung verwendet.
... die Permeationskonstante ergab sich somit zu YYY.

Wir haben das hier vertieft, obwohl diese Beispielsätze auch in Einheit 14 hätten stehen können. Der Grund ist, dass in einem Text wie dem „Experimentellen Teil", der so strengen Regeln unterworfen ist, bestimmte

Sprachmerkmale besonders stark hervortreten. Jeder Absatz ist die Aufzeichnung einer abgeschlossenen Folge von Handlungen oder Beobachtungen, mit einem Anfang und Ende. Sie gewinnen für Ihren Schreibstil an Prägnanz, wenn Sie oft „Experimentelle Teile" zu verfassen haben.

Absatztitel Manchmal steht das Stichwort für einen Absatz tatsächlich isoliert am Anfang des Absatzes. Im Buchdruck werden solche in die Zeile geschriebenen Absatztitel durch eine besondere Schrift (kursiv, fett) hervorgehoben. Trennen Sie das Wort oder die Wortfolge durch Punkt oder Doppelpunkt vom Beginn des ersten Satzes. Als Absatztitel kommen auch Stereotype wie

B 4-17 **Vorbereitung**: Text Text Text …
Ausführung: Text Text Text …
Analyse: Text Text Text …

in Betracht. In der Mathematik sind „Satz", „Ergebnis", „Beweis" gängige Leitmarken. Am Schluss eines Beweises stand früher oft ein *(lat.)* „quod erat demonstrandum" (q. e. d.), „was zu beweisen war" – ein herrliches Beispiel für eine Standortbestimmung im Text. Denken Sie ähnlich, wenn Sie schreiben.

Teile Von hier ist es nur noch ein kleiner Schritt, um zu den größeren Gliederungseinheiten – Abschnitten, Kapiteln – des Schriftstücks (s. Einheiten 3 und 8) zu gelangen; sie umfassen meist mehrere Absätze und sind durch echte Überschriften gegeneinander abgesetzt. Dabei sollten Sie dafür sorgen, dass nach spätestens fünf Seiten eine neue Überschrift folgt. Wäre das nicht der Fall, so war der Stoff vermutlich nicht ausreichend strukturiert worden, sind die einzelnen Auslassungen ohne innere Ordnung geblieben. (Auch wenn Sie sich einmal von einem Abschnitt auf einen anderen beziehen wollen, ist es gut, wenn Sie das Ziel des Verweises auf ein paar Seiten einengen können.) Die besonderen Merkmale wichtiger Gliederungseinheiten (Teile) einer Prüfungsarbeit werden in diesem Buch in eigenen Einheiten behandelt.

◇

Ü 4-1 Suchen Sie in der Literatur und in eigenen Texten nach vermeidbaren Substantivierungen vom Typ „zum Einsatz bringen", und ersetzen Sie sie durch Verben.

Ü 4-2 Können Sie die folgenden Aussagen

... zur Ausführung kommen
... in Gang bringen
... einen Verbesserungsbedarf aufweisen

in eine Wendung umwandeln, in der ein Verb die Information trägt?

Ü 4-3 Verbessern Sie:

Die Verdampfung des X findet rasch statt.
Die Messung von X wurde mit Y vorgenommen.
Die Verknüpfung von A mit B ist möglich.
Die Erweiterung von U wurde durch V möglich gemacht.
Eine generelle Eignung des Verfahrens A liegt vor.
Die Analyse von Z erfolgte auf photometrischem Weg.

Ü 4-4 Unterdrücken Sie die dass-Verknüpfung:

In Anbetracht der Tatsache, dass die Aktivität von X bei pH > 8 drastisch zurückgeht, setzten wir ...

Ü 4-5 Gehört eine Aussage wie

... in überaus zufriedenstellender Ausbeute erhalten

in einen technischen Bericht?

Ü 4-6 Lassen sich in den folgenden Beispielsätzen die fremdsprachlichen Wörter durch deutsche ersetzen?

a Als Moderator dient schweres Wasser.
b Seine Reaktion war moderat.
c Für uns ist das keine Perspektive.
d Eine perspektivische Darstellung zeigt Abbildung 5.

Ü 4-7 Was ist falsch an folgendem Satz? Mit welcher geringfügigen Veränderung wird er richtig?

Die Zusammensetzung der Lymphe unterscheidet sich vom Depotfett.

Ü 4-8 Verbessern Sie den folgenden Text:

Die nachstehende, von uns im Rahmen des Forschungsprojekts 157 seit 1985 durchgeführte Untersuchung beinhaltet die Prüfung der Korrosionsbeständigkeit von Bauteilen aus XY bei Lagerung in nicht feuchtigkeitsgeschützten Räumen. Da bekannt war, dass die Temperatur auf die Geschwindigkeit der Oberflächenoxidation von in Wasser eintauchenden XY-Platten einen starken Einfluss ausübt, bewirkten wir eine Konstanthaltung der Temperatur der Innenluft der den Lagerraum simulierenden Messkammer mit Hilfe eines Z-Reglers. Die Ergebnisse bei drei verschiedenen Temperaturen lassen den Schluss zu, dass eine Korrosionsanfälligkeit nur gegeben ist, wenn die Luft saure Komponenten (Schwefeldioxid, Stickoxide) enthält.

Ü 4-9 Verbessern Sie die folgenden Sätze:

... Inzwischen hat sich die Erkenntnis durchgesetzt, dass bei konsequenter Vermeidung von Vermischung mit anderen Abfällen oder Lösemitteln eine Aufarbeitung gebrauchter Chlorkohlenwasserstoffe und die Wiederverwendung erheblich gesteigert werden kann.

... Daneben haben sich sowohl auf der Seite der Computerhardware als auch bei der Software neue Trends und erheblicher Leistungszuwachs ergeben. Anstelle der erhofften Vereinfachung für die Anwender ist eine noch speziellere Kenntnis mancher Systeme getreten, die erst eine Beurteilung der Gebrauchsfähigkeit und danach einen sinnvollen Einsatz erlauben.

... Bei der Herstellung dieser Aminosäure sind die Beachtung der Einhaltung von pH-Wert und Geschwindigkeit des zutropfenden Diamins von sehr großer Bedeutung, da sonst die Nebenreaktion (Gleichung 12) zu einer Erniedrigung der Ausbeute des gewünschten Produkts führt.

Ü 4-10 Was ist hier falsch, und warum?

... wurden 10 % neugeborenes Kalbsserum und 1 % essentielle Aminosäuren zugegeben.

Ü 4-11 Verbessern Sie bitte:

... die schon vor Jahren Eingang gefundene Methode ...
... das sich unbemerkt ausgebreitete Computervirus ...
... die fortgesetzte Kurve ...

Ü 4-12 Was ist falsch?

Das austretende Licht fällt auf einen Wellenlängenselektor, einem Gittermonochromator mit einer Auflösung bis 0,02 nm.

5 Schreibtechnik und Gestaltung einer Prüfungsarbeit

● Diese Einheit will Ihnen einige technische Hinweise geben, wie Texte geschrieben werden und wie die Reinschrift Ihrer Prüfungsarbeit aussehen soll.

■ Nachdem Sie sich mit diesen Hinweisen auseinandergesetzt haben, werden Sie für alle Stufen der Umwandlung der ersten Entwürfe Ihrer Arbeit in die endgültige Reinschrift eine angemessene Lösung finden.

F 5-1 Welche Vorteile bringt die Textverarbeitung gegenüber der Schreibmaschine?

F 5-2 Wie bemessen Sie die Ränder um das Textfeld? Wohin stellen Sie die Seitenzahl?

F 5-3 Welche Abstände zum Text lässt man vor und nach Überschriften?

F 5-4 Nach welchen Gesichtspunkten überprüft man die Reinschrift einer Prüfungsarbeit, bevor man Kopien anfertigt?

▷ 1.4.2, 2.3, 5.1 bis 5.3, 5.5

Vorbereitungen Um die erste Version Ihrer Arbeit zügig schreiben zu können, brauchen Sie als „roten Faden" einen Gliederungsentwurf (s. Einheit 3). Als Hilfsmittel müssen Ihre Laborbücher und Zwischenberichte (s. Einheit 1) vorliegen. Weiter sollten die Literaturstellen, die Sie zitieren wollen, als Exzerpte (selbst verfasste Auszüge), Fotokopien oder im Original zur Hand sein (s. Einheit 2), um bestimmte Aussagen belegen zu können. So können Sie sich bereits in der ersten Fassung Ihrer Arbeit auf die entsprechenden Originalarbeiten korrekt beziehen. Auch sollten zu diesem Zeitpunkt Abbildungen, Spektren u. ä., die Sie in Ihre Arbeit übernehmen wollen, wenigstens als Skizzen vorhanden sein, damit Sie im laufenden Text darauf eingehen können.

Rohfassung

Sie haben so die erste Fassung Ihrer Arbeit zu Papier gebracht, einen Textentwurf oder ein Rohmanuskript (Rohfassung). Versionen, die nach Überarbeiten des Rohmanuskripts entstehen, sind „verbesserte Fassungen".

Textverarbeitung

Manuskripte vom Umfang einer Bachelor-, Master-, Staatsexamens- oder Doktorarbeit*) werden heutzutage nur noch mit einem computergestützten Textverarbeitungssystem geschrieben. Korrekturen, Änderungen, Streichungen, Hinzufügungen oder Umstellungen gelingen so mit geringem Aufwand.

Daneben gibt es noch andere Vorteile der modernen Textverarbeitung, die Sie ausnutzen können, z. B.

Datenbank

– Das Textverarbeitungssystem lässt sich mit der Datenbank, in der Sie Ihre Literaturdatei verwalten, verknüpfen; dies gestattet, die Literaturzitate direkt – ohne Übertragungsfehler – in Ihr Literaturverzeichnis, wörtliche Zitate auch in Ihren Text zu übernehmen.

Fußnotenverwaltung

– Auch wenn Sie die Textdatei nicht mit Ihrer elektronischen Literaturdatenbank verbinden wollen, können Sie die Literaturstellen wie Fußnoten behandeln. Nummern können eingefügt und Textteile können umgestellt werden, ohne dass die Ordnung der Zitatnummern im Text verloren geht. Das gesamte Fußnotenmanuskript lässt sich dann in einem eigenen Abschnitt „Literatur" (ggf. „Literatur und Anmerkungen") ausgeben.

Rechtschreibprüfung, Silbentrennung

– Es stehen Ihnen Funktionen zur Rechtschreibprüfung und zur Silbentrennung von Wörtern zur Verfügung. Dank der rechnergesteuerten Silbentrennung fallen die Zeilenlängen selbst beim „Flattersatz" – das Textfeld bleibt rechts ohne Randausgleich – nicht allzu unterschiedlich aus.

Druckformate

– Eine Stärke von Textverarbeitungsprogrammen sind Druckformate (Formatvorlagen, "style sheets"), mit denen Sie gleiche Bestandteile Ihres Manuskripts wie laufender Text, eingerückter oder freigestellter Text, Überschriften von Kapiteln und Abschnitten, Tabellen oder Fußnoten durchgängig für die ganze Arbeit formatieren können.

Formeln

– Außerdem stehen Ihnen Programme oder Programmfunktionen zur Verfügung, um mathematische und chemische Formeln zu schaffen, die sich in den Text einbeziehen lassen.

Grafikprogramme

– Grafiken (z. B. Diagramme), die Sie mit speziellen Grafikprogrammen erstellt haben, lassen sich in der gewünschten Größe in den Text einbauen; ggf. müssen Sie zur „Vereinigung" von Text und Grafik ein Layout-

---

* Wir setzen den „Normumfang" einer Bachelor- oder Masterarbeit bei 30 bis 100 Seiten an, den einer Doktorarbeit bei 80 bis 200 Seiten.

programm einsetzen, wenn das in Ihrem Textverarbeitungsprogramm nicht problemlos möglich sein sollte.

Papierausdrucke Wenn Sie die Rohfassung einmal in das Textsystem eingegeben haben, können Sie mit dem Überarbeiten beginnen. Mit Rücksicht auf die Lesegewohnheiten sollten Sie Ihre Arbeit nur auf Papierausdrucken und nicht am Bildschirm verbessern. (Erst später geben Sie in Ihren „persönlichen Computer", PC, was Sie auf dem Papier zuwege gebracht haben.) Wenn Sie den Text zweizeilig auf Papier im Format A4 (einseitig) ausgeben – die ersten Fassungen am besten mit ca. 2,5 cm Links- und 5 cm bis 8 cm Rechtsrand –, haben Sie sowohl zwischen den Zeilen als auch auf dem Rand und den Rückseiten der Blätter Platz genug, um selbst umfangreiche Korrekturen anzubringen. Verwenden Sie dazu bei verschiedenen Korrekturgängen an einem Manuskript Stifte mit unterschiedlichen Farben.

Irgendwann ist eine Version so stark mit handschriftlichen Korrekturen durchsetzt, dass Sie die Änderungen in Ihr Textverarbeitungssystem eingeben wollen, um auf einem neuen Ausdruck weiter arbeiten zu können. Legen Sie für jede neue Version einen neuen Datensatz an, und halten Sie ältere Fassungen bis zum Abschluss Ihrer Arbeit gespeichert, um ggf. noch einmal auf die Art der Änderungen zurückkommen zu können.

verschiedene Es entstehen so verschiedene Fassungen Ihres Manuskripts, die Sie durch
Fassungen Vermerke wie

B 5-1 3. Fassung vom 20.10.2008

in den Kopfzeilen der einzelnen Seiten (die meisten Textverarbeitungsprogramme haben dafür eine entsprechende Funktion) kennzeichnen sollten. Fertigen Sie am Ende eines jeden Arbeitstages von der jeweils aktuellen Fassung Ihrer Arbeit (mindestens) eine Sicherungskopie an, und bewahren Sie die elektronischen Dateien aller Fassungen sorgfältig an sicheren Orten auf! (Denken Sie auch an die Möglichkeit, sich selbst eine Kopie der jeweils aktuellen Version als Sicherheitskopie per E-Mail zuzusenden.)

Überarbeiten Kam es beim Schreiben der Rohfassung vor allem auf die logische Abfolge der Gedanken an, so geht es beim Überarbeiten darum, die Argumentationen zu verfeinern und das Manuskript vor allem sprachlich zu verbessern. „Sagen die Sätze wirklich genau das aus, was Sie sagen wollen?" und „Ist alles verständlich?", „Ist nichts missverständlich?" – dies sind die Fragen, die Sie sich bei jeder Formulierung stellen sollten.

Endfassung Spätestens beim Anfertigen der letzten Version(en) vor der Reinschrift (Endfassung) beschreibt man die Seiten so, wie sie später in der Reinschrift aussehen sollen.

formales Überprüfen

Bevor Sie jedoch die letzte Version, die Reinschrift, ausdrucken, sollten Sie das Manuskript auf Mängelfreiheit in formalen Dingen noch einmal überprüfen:

– Sind alle Abbildungen und Tabellen im Text verankert?
– Stimmen die Nummern der Abbildungen und Tabellen?
– Sind die Abschnitte richtig nummeriert?
– Sind die Überschriften alle einheitlich geschrieben (Überschriften gleicher Ordnung in gleicher Schriftart und -größe)?
– Stimmen die Abstände vor und nach den Überschriften?
– Sind die Schriftgrößen (z. B. von Haupttext, Tabellen und Fußnoten) einheitlich gewählt?
– Sind die Zeilenabstände im laufenden Text, in Tabellen, Fußnoten und in Abbildungslegenden jeweils einheitlich gewählt?
usw.

letzte Korrekturen, Reinschrift

Legen Sie die „Endfassung" Ihrer Arbeit (also diejenige Fassung, von der Sie glauben, dass sie als Reinschrift benutzt werden könnte), Kollegen und – wenn es die Gepflogenheiten Ihres Arbeitskreises zulassen – dem Betreuer Ihrer Arbeit zur kritischen Lektüre vor. Sicher werden dann noch Eingriffe in den Text erforderlich sein, die Sie mit Hilfe der Textverarbeitung wiederum leicht bewältigen können. Erst dann geben Sie die Reinschrift endgültig aus. Sie enthält neben dem eigentlichen „Text" auch alle anderen grafischen und sonstigen Textelemente, also auch Formeln, Tabellen und Abbildungen.

Software

Man kann beim Anfertigen seiner Prüfungsarbeit drei Bearbeitungsstadien unterscheiden, denen sich verschiedenartige Computerprogramme zuordnen lassen: das eigentliche Texterfassen und -bearbeiten, das „Layouten" (Formatieren der verschiedenen Textelemente wie Überschriften oder Tabellen, Vereinigen von Text und Bildern, Einbau von Formeln usw.) und die Ausgabe des „Druckwerks". Als Software für die reine Texterfassung kommen klassische Textverarbeitungsprogramme wie WORD (von Microsoft) in Frage. Spätestens für das Gestalten des Layouts werden spezielle Layout-Programme empfohlen (z. B. FRAMEMAKER oder INDESIGN). Viele Autoren wandeln nach Abschluss des Überarbeitens ihr elektronisches Manuskript in PDF-Dateien um (z. B. mit ACROBAT), die dann – wie das heutzutage auch in Verlagen mit Buchmanuskripten geschieht – zum Ausdrucken der Reinschrift verwendet werden.

Drucker für Reinschrift

Für die Ausgabe der Reinschrift ist ein Laserdrucker oder ein Tintenstrahldrucker (Auflösung mindestens 300 dpi; dpi "dots per inch", Punkte pro Zoll) erforderlich. Denken Sie daran: die Reinschrift soll aus den gebundenen Ausdrucken bestehen, oder die Ausdrucke sollen als Kopiervorlage (oder Druckvorlage) dienen!

Schriften   Die modernen Textverarbeitungssysteme gestatten es, zwischen verschiedenen Schriften auszuwählen: Proportionalschriften ohne und mit Serifen (Abb. 5-1 a, b) und Nichtproportionalschriften (Schreibmaschinenschriften; Abb. 5-1 c). (Bei einer Proportionalschrift wird den Buchstaben Platz entsprechend ihrer unterschiedlichen Breite eingeräumt.)

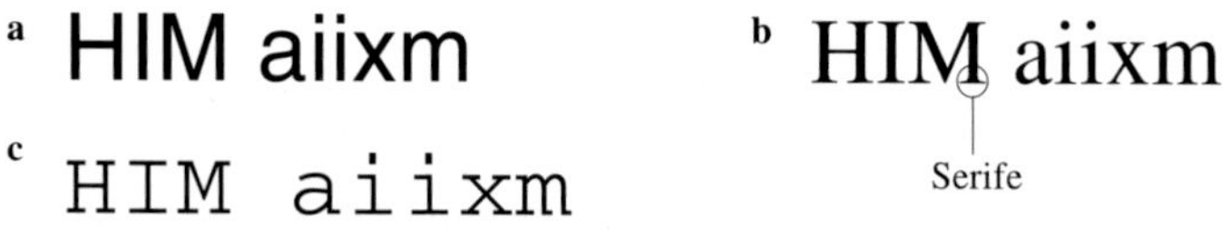

^a HIM aiixm   ^b HIM aiixm

^c HIM aiixm   Serife

Abb. 5-1. (a) Serifenlose Proportionalschrift (Arial oder Helvetica); (b) Proportionalschrift mit Serifen (Times); (c) Nichtproportionalschrift (Courier).

Welche Schrift ist für die Reinschrift zu verwenden? Von einer serifenlosen Proportionalschrift und von einer Nichtproportionalschrift (Festbreitenschrift; s. Abb. 5-1 a bzw. c) raten wir ab. Für Examensarbeiten hat sich inzwischen die Proportionalschrift mit Serifen (s. Abb. 5-1 b) als Grundschrift durchgesetzt.

Block-, Flattersatz   Sie sollten überlegen, ob Sie Ihrer Arbeit durch Blocksatz einen Anspruch auf „Vollkommenheit" verleihen wollen oder ob Sie ihr durch das „Flattern" am Rand des Textfelds noch einen Hauch des „Vorläufigen" lassen.

Druckbild   Bei Doktorarbeiten wird man die anspruchsvollere Gestaltung des Manuskripts anstreben und vorzugsweise in einer Proportionalschrift mit Serifen (wie „Times") im Blocksatz schreiben. Das Ergebnis sieht dann „wie gedruckt" aus. Wenn das Ergebnis gefallen soll, müssen Sie allerdings alle Regeln des mathematisch-naturwissenschaftlichen Formelsatzes und auch der Typografie berücksichtigen (s. dazu auch die Einheiten 18 und 19).

Schreibbreite   Die Schreibbreite der Reinschrift auf A4-Seiten (Hochformat) beträgt vorzugsweise 160 mm, ein Linksrand von 30 mm und ein Rechtsrand von 20 mm werden empfohlen. Damit wird die Mitte des 160 mm breiten Textfelds um 5 mm von der Blattachse nach rechts verschoben (s. auch Abb. 5-2).

Seitennummer   Die Seitennummer setzen Sie in die Mitte über das Textfeld, also um 5 mm von der Blattmitte nach rechts versetzt, zwischen Gedankenstriche, z. B.

B 5-2   – 37 –

Rand   Der Abstand der Seitennummer von der oberen Papierkante sollte ca. 15 mm betragen; zum nachfolgenden Text sollte mindestens eine Zeile frei bleiben. Der Rand zwischen der letzten Textzeile und der unteren Papierkante sollte nicht kleiner sein als 20 mm (s. Abb. 5-2). (Manche Textverarbeitungssysteme setzen die Seitennummer unter den Text, was auch akzeptabel ist.)

Zeilenabstand   Den laufenden Text sollten Sie so schreiben, dass sich hoch- und tiefstehende Zeichen z. B. in mathematischen Ausdrücken nicht überschneiden oder berühren. Wenn Sie Indizes um ca. 30 % kleiner setzen als Ihre Hauptschrift, reicht $1^1/_2$-zeilige Schreibweise in der Regel aus, um dies sicherzustellen (also beispielsweise die Indizes in einer Schriftgröße von 8 Punkt oder 9 Punkt bei einer 12-Punkt-Hauptschrift).

„Petit"-Schrift   Wie im Buchdruck üblich, sollten Sie den Text für Abbildungslegenden, Tabellen und Fußnoten in kleinerer Schrift (Petit-Schrift) schreiben als den Haupttext (z. B. bei einer 12-Punkt-Hauptschrift mit einer Schriftgröße von 10 Punkt).

Zeilen am Seitenanfang und -ende   Eine der Buchdrucker-Regeln, gegen die bei Anfertigung der Seitenvorlagen oft verstoßen wird, besagt, dass nach einem Absatzanfang oder nach dem Anfang eines Abschnitts (durch eine Überschrift gekennzeichnet) auf

Abb. 5-2. Ränder des Textfelds und Stellung der Seitennummer bei der A4-Seite einer Prüfungsarbeit.

einer Seite mindestens noch zwei Zeilen Text folgen sollen. Auch sollte sichergestellt sein, dass auf einer neuen Seite oben mindestens zwei Zeilen eines auf der vorigen Seite begonnenen Absatzes zu stehen kommen; ggf. muss man dazu den Text auf der Vorseite um eine Zeile kürzen oder erweitern, damit *eine* Zeile des Absatzendes nicht einsam auf der nächsten Seite steht.

Zentrieren — Überschriften beginnen Sie am linken Schreibrand; vom Zentrieren (wie bei der Seitennummer) raten wir ab, da Sie sonst auch die Legenden zu den Abbildungen samt Abbildungen sowie die Tabellen zentrieren müssen, um keinen Stilbruch zu begehen.

Abstände vor und nach Überschriften — Für die Abstände zwischen Überschriften und Text gilt folgende allgemeine Regel: Der Abstand vor einer Überschrift soll eineinhalbmal bis doppelt so groß sein wie derjenige zwischen der Überschrift und dem darauffolgenden Text (oder der Überschrift der nächsten Gliederungsebene).

B 5-3   **1 Überschrift**

1.1 Überschrift ———————⟩ 1,5 : 1 bis 2 : 1

1.1.1 Überschrift

Text Text Text Text Text Text Text Text Text Text Text Text Text Text Text Text Text Text Text Text Text Text Text Text Text Text Text Text Text Text Text Text Text Text Text

Unterscheidung von Überschriften — Für die Abstufung von Überschriften kann man – bei gleicher Schriftgröße – verschiedene Schriftschnitte wählen, z. B. für Überschriften der 1. Ebene **fette** Schrift, für Überschriften der 2. Ebene die normale (steile) Hauptschrift und für Überschriften der 3. Ebene *kursive* Schrift. Auch können Sie, wie in vielen Druckwerken üblich, die Schriftgröße variieren, beispielsweise 24 Punkt, 16 Punkt und 12 Punkt für die Überschriften der 1., 2. bzw. 3. Ebene. Oder Sie wählen für die Überschriften Ihrer Prüfungsarbeit eine andere (beispielsweise serifenlose) Schrift in geeignetem Schriftschnitt und geeigneter Größe.

einseitig — Normalerweise werden Bachelor- und Masterarbeiten einseitig geschrieben, d. h. die Rückseite eines jeden Blattes bleibt frei.

Format — Bei Dissertationen verlangen manche Fakultäten Belegexemplare (Archivexemplare) im Format A5 mit zweiseitig beschriebenen Seiten. Man kann sie im Offset-Verfahren drucken lassen, d. h., man stellt eine Kleinauflage her.

Richtlinien — Erkundigen Sie sich, wieviele Exemplare Sie bei wem oder wo abgeben müssen. Ein Druck („Klein-Offset") wird ab etwa 100 Exemplaren preisgünstiger als der Ausdruck mit dem Laserdrucker oder das Vervielfälti-

gen mit einem Trockenkopierer. In der Regel müssen Sie nach dem Kopieren oder Drucken die einzelnen Exemplare binden lassen. Richtlinien
Ihrer Hochschule können Format der Arbeit, Begrenzung des Textfeldes,
Stand der Seitennummern, Art der Überschriften u. ä., ja die Art des Pa-
piers, der (Druck)Farbe und des Einbands vorschreiben – erkundigen Sie
sich rechtzeitig! Es ist zweckmäßig, dass Sie sich Musterseiten Ihrer Reinschrift – falls Sie nicht selbst schreiben – vorlegen lassen und Ihre Arbeit
mit angenommenen Arbeiten (jüngeren Datums!) vergleichen, um hier keine Fehler zu machen.

E-Diss   Doch halt! Ist es denn ausgemacht, dass Ihre Hochschule auf einer form-
vollendet zu Papier gebrachten Ausfertigung Ihrer Prüfungsarbeit besteht?
Oder dass sie sich damit *zufrieden* gibt? Neue Sitten sind in die Mauern
der einst *(lat.)* alma mater genannten hohen Lehrstätten eingezogen. Man
kann eine Dissertation heute auch elektronisch „abgeben"! Dass das so ist,
verdankt die Menschheit vielleicht einer Firma, University Microfilms,
Inc., die 1987 in den USA zu einem Gespräch mit Hochschulvertretern
eingeladen hatte. Ihr Anliegen war es seit Jahren gewesen, Dissertationen
besser als zuvor „öffentlich" zugänglich zu machen. Heraus kam das, was
man heute ETD, Electronic Theses and Dissertations, nennen kann. Wir
sagen kurz „E-Diss" dazu. Worum geht es? Man soll seine „Diss" *auch*
elektronisch abliefern können. In Zukunft vielleicht *nur* noch „elektronisch", d. h. als digitale Aufzeichnung? Wir wissen nicht, wohin der Weg
führt. Doch so viel ist klar:

– „Technisch" gesehen hat eine Dissertation, die als digitale Aufzeichnung vorliegt, Vorteile.
– Inhaltlich kann man gewisse Dinge digital besser darstellen als in einer
  noch so gut gemeinten Aufzeichnung auf Papier.

Wir möchten uns darüber nicht näher verbreiten, sondern überlassen einige Fragen, die hier aufgeworfen sind, dem Teil „Übungen" zu dieser Einheit (Ü 5-6).

Thesen-Netzwerk   Mittlerweile hat sich in den USA ein System etabliert, das sich Networked
Digital Library of Theses and Dissertations (NDLTD) nennt und dem über
hundert Universitäten weltweit beigetreten sind. Vielleicht sind es heute
500, wir wissen es nicht und brauchen es auch nicht zu wissen. Der Trend
ist klar: Dissertationen sollten *auch* elektronisch verfügbar sein.

Seit der letzten Auflage dieses Buches (2003) hat sich da viel geändert.
In vielen Hochschulen Deutschlands, Österreichs und anderer Länder müssen Abschlussarbeiten *aller* Art sowohl in gedruckter als auch in digitaler

Form eingereicht werden. Deren „Abgabe" besteht im Einspeisen der Arbeit als PDF-Datei in eine Datenbank der Hochschule.

Auf weitere Fragen der Schreibtechnik wird in anderen Einheiten ausführlicher eingegangen, z. B. auf Fußnoten (in Einheit 17), auf Größen (in Einheit 18), auf Gleichungen (in Einheit 19) und auf Tabellen (in Einheit 20).

Ü 5-1   Worauf kommt es bei der Niederschrift der Rohfassung an?

Ü 5-2   Worin unterscheiden sich Rohfassung, verbesserte Fassungen, Endfassung und Reinschrift Ihrer Prüfungsarbeit?

Ü 5-3   Nennen Sie einige Vorteile von Textverarbeitungssystemen gegenüber der Schreibmaschine.

Ü 5-4   Wie können Sie Überschriften der 1., 2. und 3. Ebene voneinander unterscheiden?

Ü 5-5   Wie groß sollen die Abstände vor und nach Überschriften sein?

Ü 5-6   Warum – und in welchen Grenzen – könnte die elektronische Archivierung von Püfungsarbeiten von Interessse sein?

Teil II
Bestandteile einer
Prüfungsarbeit

Ein Wort zuvor:

Der Teil II zugrunde liegende Aufbau („Standardaufbau") einer Prüfungs-arbeit aus den Bestandteilen

- Titelblatt
- Vorwort, Danksagung
- Inhalt
- Zusammenfassung
- Liste der Symbole
- Einleitung
- Ergebnisse
- Diskussion
- Schlussfolgerungen
- Experimenteller Teil
- Literatur
- Anhang
- Anmerkungen
- Lebenslauf

ist zweckmäßig und wird häufig angewendet. Er ist aber keineswegs ver-bindlich. Einzelne Bestandteile können entfallen, eine andere Bezeichnung annehmen, mit anderen zusammengelegt werden oder an anderer Stelle stehen. Auch gänzlich „freie" Gliederungen kommen in Frage.

6 Titel, Titelseite

- In dieser Einheit zeigen wir, nach welchen Kriterien Sie den Titel Ihrer Prüfungsarbeit formulieren und wie Sie die Titelseite anlegen können.
- Nach dem Durcharbeiten sollten Sie ein Bewusstsein für die Bedeutung der Titelseite als Visitenkarte Ihrer Arbeit haben und wissen, worauf Sie bei der Gestaltung dieser Seite achten müssen.

F 6-1 Welche Funktionen erfüllt der Titel einer Prüfungsarbeit?

F 6-2 Was haben „Schlüsselbegriffe" mit dem Titel einer Bachelor-, Master- oder Doktorarbeit zu tun?

F 6-3 Wie lang darf ein Titel sein? Wann soll ein Titel in einen Haupt- und einen Untertitel unterteilt werden?

F 6-4 Welche Abkürzungen oder Symbole dürfen in einem Titel vorkommen?

F 6-5 Welche Informationen – neben dem Titel der Arbeit – gehören noch auf das Titelblatt?

F 6-6 Wird der Titel Ihrer Prüfungsarbeit zentriert oder linksbündig angeordnet? Wie sind die anderen Einträge auf einem Titelblatt anzuordnen?

F 6-7 Welche Abstände sind zwischen den Einträgen auf einem Titelblatt und den Blattkanten frei zu lassen?

F 6-8 Wie unterscheidet man den Titel von den anderen Einträgen auf dem Titelblatt?

 2.2.2, 5.5.1

Eigenschaften eines Titels Der Titel einer Prüfungsarbeit soll so kurz wie möglich sein und dennoch das Thema klar und vollständig beschreiben. Er soll – wie eine ganz kurze Zusammenfassung der Arbeit – erkennen lassen, welcher Teildisziplin der Wissenschaft die Arbeit angehört und welches die Ziele, Methoden, Gegenstände oder Ergebnisse der Untersuchung waren.

Schlüsselwörter Der Titel soll möglichst viele für Ihre Arbeit spezifische Schlüsselwörter enthalten. Er kann auf den behandelten Gegenstand, die verwendete Methode, die gewonnenen Ergebnisse oder eine Kombination daraus abheben: auf das „Was?", „Wie?" und ggf. auf das „Warum?" der Untersuchung. Der Titel

B 6-1 a Eine neue Methode zur Analyse von Fluorid enthaltenden Lösungen

ist eher nichtssagend und sollte umgewandelt werden, z. B. in:

b Automatische photometrische Fluorid-Titration mit Thoriumnitrat und Alizarin-S als Indikator

Länge eines Titels, Haupt- und Untertitel Ein Titel umfasst vorzugsweise nicht mehr als etwa zehn Wörter. Reicht die Länge nicht aus, so können Sie einen Untertitel bilden. Die wichtigsten Begriffe gehören dabei in den Haupttitel. Zusätze, die Ihre Arbeit weiter verdeutlichen oder abgrenzen, gehören in den Untertitel. Ein Untertitel wird manchmal nur gebildet, um einen wichtigen Begriff durch Umstellung nach vorne (in den Haupttitel) ziehen zu können. Für Zwecke der Dokumentation spielt oft das erste Wort eine entscheidende Rolle.

Ist die Prüfungsarbeit (oder eine Publikation) eine Nachricht, so ist der Titel die Anschrift; er soll wie die Eintragungen im Adressfeld des Briefes genau und vollständig sein, damit die Nachricht den richtigen Leser erreicht.

Einen Titel mit Überlänge wie

B 6-2 a Perfluoralkansulfenylfluoride als Reaktionsprodukte der Umsetzung von Perfluoralkansulfenylchloriden mit Silberfluorid sowie deren IR-, Raman- und ^{19}F-NMR-spektroskopische Charakterisierung und chemische und physikalische Eigenschaften

wandeln Sie zweckmäßig um in

b Perfluoralkansulfenylfluoride aus Perfluoralkansulfenylchloriden und Silberfluorid: Chemische und physikalische Eigenschaften sowie IR-, Raman- und ^{19}F-NMR-spektroskopische Charakterisierung

Der (nach dem Doppelpunkt stehende) Untertitel muss so gebildet werden, dass die Art des Bezugs zum Haupttitel unmissverständlich ist. Untertitel können aus Sätzen bestehen, also ein Verb enthalten, manchmal in Frageform:

B 6-3 Hängt die XXX von YYY ab?

Wenn der Untertitel (wie in B 6-2 b) auf der Zeile weitergeschrieben wird, auf der der Haupttitel endet (wie in vielen Zeitschriften), wird der Haupttitel mit einem Doppelpunkt abgeschlossen.

Insgesamt sollte ein Titel, auch wenn er in Haupt- und Untertitel zerlegt wird, nicht mehr als 200 Zeichen (maximal 4 Zeilen) lang sein, Leerzeichen eingeschlossen; das entspricht etwa 25 Wörtern.

Abkürzungen   Ein Titel soll keine allgemeinen Abkürzungen (wie sie der „Duden" sonst gestattet) enthalten. In den Natur- und Ingenieurwissenschaften übliche Abkürzungen oder Akronyme wie

B 6-4 a   IR   für Infrarot
NMR   für Nuclear Magnetic Resonance
DNA   für Deoxyribonucleic Acid

werden hingegen akzeptiert. Bei weniger gängigen Abkürzungen kann man doppelgleisig fahren, z. B.

b   … durch Flammen-Ionisations-Detektion (FID)

Sonderzeichen   Auch sollten Sie in Titeln Sonderzeichen und Formeln so weit wie möglich vermeiden. Auf Titelbestandteile wie

B 6-5   … mit ω-Octansäure …
… vom Typ $Al_2Si_3Lu_3X_3$ …

werden Sie aber kaum verzichten können.

Wendungen in einem Titel wie

B 6-6 a   Experimente über …
Untersuchungen über …
Versuche zur …
Ergebnisse der …
Bestimmung von …

tragen in der Regel zur Sache nichts bei und können entfallen; wenn sie benötigt werden, gehören sie in einen Untertitel. Auch qualifizierende Merkmale wie vergleichend, theoretisch, historisch, abschließend haben hier ihren Platz. Gut gebildet, da zur Sache kommend, sind Wendungen wie:

b   Ligandenaustauschreaktionen von …
Enzymatische Synthese von …
Optimierung des …
Optoakustische Bestimmung von …
Rheologische Eigenschaften von …
Circulardichroismus des …
Balzverhalten bei …
Mikrofiltration durch …
Ionenimplantation mit …
Bildung von … aus …
Wirkung von … bei …
Einfluss der … auf …
Abhängigkeit der … von …
Verwendung des … als …

Arbeitstitel   Vor Beginn der experimentellen Arbeiten wird Ihr Betreuer einen Arbeitstitel mit Ihnen vereinbaren. Endgültig wird der Titel Ihrer Arbeit erst nach Abschluss der Experimente oder bei Vorliegen der Schlussfassung formuliert.

Titelblatt   Der Titel wird auf ein eigenes Blatt, die Titelseite (Titelblatt, „Deckblatt"),
geschrieben (s. Abb. 6-1). Es ist dies das erste Blatt (die erste rechte Seite)
nach dem Einband, manchmal auch das zweite: das erste Blatt bleibt dann
leer.

Der durch einen Untertitel ergänzte Haupttitel kann sehr kurz sein, z. B.

B 6-7 a   Farbige Komplexe:
Das Charge-Transfer-Phänomen am Beispiel des XXX

b   Blei:
Röntgenstrukturuntersuchung einer Hochdruck-Polymorphie

z. B. 14 p   z. B. 24 p   Blattmitte optische Mitte   A4

≥ 30 mm

Faradaysche Abschirmung und luftelektrische
Gleich- und Wechselfelder

Verhaltens- und stoffwechselphysiologische Auswirkung
auf weiße Mäuse

Dissertation

zur Erlangung des Grades des
Doktors der Naturwissenschaften
der Mathematisch-Naturwissenschaftlichen Fakultät
der Universität des Saarlandes

von
Otto Mayer

Saarbrücken
2001

≥ 30 mm

Abb. 6-1. Vorschläge für die Anordnung der Informationen auf einer Titelseite im
Format A4 (bei A5 sind die Maße um den Faktor $1/\sqrt{2} \approx 0{,}7$ kleiner). – Das Maß für
die Schriftgrößen ist der typografische Punkt, „p" (1 p $\approx$ 0,375 mm).

Schriftgröße   Der Haupttitel sollte in größerer Schrift als der Untertitel und die übrigen Informationen des Titelblatts (s. auch Abb. 6-1) gesetzt werden, z. B.

B 6-8   Permeation von Kohlenwasserstoffen durch Mehrschicht-Polymerfolien

Bestimmung mit Hilfe der Headspace-Gaschromatografie

Eine weitere wichtige Information auf dem Titelblatt einer Prüfungsarbeit ist ein Hinweis auf Art und Anlass der Arbeit:

B 6-9 a   Abschlussarbeit
Bachelorarbeit
Masterarbeit
Staatsexamensarbeit
Dissertation (auch: Inaugural-Dissertation)

wobei der letzte Hinweis oft ergänzt wird durch eine Erklärung wie*⁾

b   zur Erlangung des akademischen Grades eines Doktors der Naturwissen-schaften im Fachbereich XXX der YYY-Universität zu ZZZ

vorgelegt von M.Sc. Gisela R. Meier aus Aachen

Verfasser   Immer steht auf dieser Seite der Name des Verfassers, wobei dem Familiennamen mindestens ein ausgeschriebener Vorname vorangestellt wird; oft werden Geburtsdaten angeschlossen, z. B.

B 6-10   von Peter Müller, geboren am 3.10.1990 in Köln

Das Titelblatt kann noch weitere Informationen enthalten wie die Anschrift des Instituts, in dem die Arbeiten durchgeführt wurden, die Nennung einer Firma bei einer Arbeit außerhalb der Hochschule oder die Bezeichnung eines Forschungsprojekts.

In Dissertationen findet sich häufig eine Eintragung, die den Dekan der Fakultät/des Fachbereichs sowie den Erst- und Zweitberichterstatter (Referent bzw. Korreferent) und den Tag der Disputation nennt. Sie steht dann meist auf einer eigenen Seite.

Hochschul-Richtlinien   Fakultäts- oder hochschuleigene Richtlinien oder Gepflogenheiten des Arbeitskreises sind gerade bei der Anfertigung der Titelseiten besonders sorgfältig zu beachten! Solche Richtlinien sehen z. B. vor, dass auf der Titelseite noch das Abgabedatum der Arbeit genannt wird („Wann?"):

B 6-11   Gießen, 2010
Kiel, im Oktober 2009

Zentrieren   In der Regel werden die Textstücke auf dem Titelblatt zentriert geschrieben. Dabei bezieht sich das „Zentrieren" wiederum auf die Mittelachse

---

*   Wir werden uns an das Kürzel M. Sc. (für den akademischen Grad „Master of Science", anstelle von Dipl.-Phys., Dipl.-Chem. usw.) auf Visitenkarten ebenso gewöhnen müssen wie an M. Eng. („Master of Engineering") für den vertrauten Dipl.-Ing. und an B. Sc. („Bachelor of Science") nebst B. Eng. („Bachelor of Engineering").

des Textfelds („optische Mitte"), das wegen des links verbleibenden breiteren Rands (s. Einheit 5) um ca. 5 mm gegenüber der Blattachse nach rechts verschoben ist (s. Abb. 6-1).

Nummerierung Die Seitennummerierung beginnt bei der „Einleitung". Die Seiten davor wie Titelseite oder Inhaltsverzeichnis (bei Büchern: die Titelei) können gesondert (mit römischen Ziffern) nummeriert werden. Die Titelseite trägt keine Seitennummer, wird aber bei der Nummerierung mitgezählt (als Seite I).

Maße Der Titel soll bei einer A4-Seite von der oberen Blattkante mindestens 30 mm Abstand haben, die letzte Zeile des Titelblatts von der unteren ebenfalls mindestens 30 mm.

Bei A5-Titelblättern sind die Maße für Schriftgrößen, Ränder, Abstände usw. um den Faktor $1/\sqrt{2} \approx 0{,}7$ zu kürzen.

Ü 6-1 Welche Informationen gehören auf die Titelseite einer Prüfungsarbeit/ Abschlussarbeit? Unterscheiden Sie zwischen erforderlichen und manchmal vorkommenden Informationen.

Ü 6-2 Unter welchen Bedingungen soll ein Titel in einen Haupt- und einen Untertitel aufgeteilt werden?

Ü 6-3 Kritisieren Sie die folgenden Titel von Prüfungsarbeiten, und verbessern Sie nach Möglichkeit:

a Untersuchungen zur anaeroben Reinigung eines Abwassers aus der Backhefeproduktion

b Entwicklung einer neuen In-situ-Messmethode zur Bestimmung von Phenolen in Böden mit Hilfe der UV-Spektrometrie

c Eine Methode zur Bestimmung von Korngrößen

d Untersuchungen über Einsatzmöglichkeiten eines Konditionierers bei der Kompostierung von Siedlungsabfällen

e Entwicklung einer Apparatur zur Messung des X-Vektors von Y-Emissionen anisotroper Proben und dessen Darstellung als Funktion molekularer Parameter im ZZ-Formalismus

f Bericht über das Van-Argen-Syndrom anhand von drei Fällen

g In-vitro-Einflüsse von Fettsäuren auf die Permeationsgeschwindigkeit von α- und β-Glykosiden

Ü 6-4 Verbessern Sie die beiden Titelblätter der Abb. 6-2.

Berechnung der Schwingungsspektren kristalliner Benzol-Derivate

Hexamethylbenzol
sowie Perfluorhexamethylbenzol.

Masterarbeit

vorgelegt von

Hans Rothmann

aus Göttingen

2010

Messung der Wirkung von Vinpocetin auf die

In-vivo-Verformbarkeit von Erythrozyten mit einer neuen

Zentrifugierungsmethode

Arbeit

von

Erika Heidenreich aus Lüneburg

2008

Abb. 6-2. Zu verbessernde Titelseiten. (Wir treten hier niemandem zu nahe, diese Titelseiten sind frei erfunden.)

7 Widmung, Vorwort, Danksagung

- ● In dieser Einheit stellen wir Ihnen einige Bestandteile vor, die in einer Prüfungsarbeit dem eigentlichen Text vorangehen können.
- ■ Nach dem Lesen werden Sie wissen, in welcher Form und an welchen Stellen Widmung, Vorwort und Danksagung in Ihre Prüfungs- oder Abschlussarbeit eingebaut werden.

F 7-1 An welche Stelle Ihrer Prüfungsarbeit gehört eine Widmung, und in welcher Form?

F 7-2 Worin unterscheiden sich Vorwort und Danksagung?

F 7-3 Was hat ein Vorwort in einer Prüfungsarbeit zu suchen?

F 7-4 Wie formulieren Sie die Danksagung für den Betreuer Ihrer Arbeit; für den Meister aus der Institutswerkstatt; für Ihre Kollegen?

F 7-5 Passt auch der Dank an die Institution, die Ihnen während Ihrer Arbeit ein Stipendium gewährt hat, in das Vorwort?

F 7-6 Welche Aussagen über Einzelheiten oder Rahmenbedingungen Ihrer Arbeit gehören in den eigentlichen Text, welche in das Vorwort?

 2.2.1, 2.2.3, 2.2.11

Widmung   Nach dem Titelblatt und vor Beginn der eigentlichen Arbeit können Sie ein Blatt mit einer Widmung einfügen. Ein weiteres Blatt können Sie für ein Vorwort vorsehen. Widmung und Vorwort tragen keine Seitennummern. Die Rückseite einer Widmung bleibt leer, auch wenn die Textblätter beidseitig beschrieben werden.

Widmungen sind persönliche Äußerungen und können verschiedene Formen haben, beispielsweise kurz

B 7-1   Meinen Eltern und meiner Frau Marianne

oder länger

B 7-2 Meinem verehrten Lehrer und väterlichen Freund, Herrn Professor Dr. Dr. Otto Amann, in Dankbarkeit gewidmet

Vorwort Im Vorwort können Dinge festgehalten werden, die nichts mit den eigentlichen Ergebnissen der Prüfungsarbeit zu tun haben, aber deren Umfeld betreffen, wie die Zeit, in der die Arbeit angefertigt wurde, und der Name des Instituts oder Fachbereichs, z. B.

B 7-3 Die vorliegende Arbeit wurde in der Zeit von November 2008 bis Mai 2009 im Fachbereich AAA der Technischen Hochschule BBB angefertigt.

(Beachten Sie die Gepflogenheiten oder Vorschriften Ihres Fachbereichs oder Instituts!)

Nicht in das Vorwort einer Prüfungsarbeit gehören Bewertungen der Bedeutung des Themas oder der erzielten Ergebnisse; die bleiben den Prüfern vorbehalten.

Das Vorwort ist aber der Platz für Anmerkungen der Form

B 7-4 An dieser Stelle möchte ich Herrn Professor Dr. Peter Manz dafür danken, dass er mir das Thema dieser Arbeit zur weitgehend selbständigen Bearbeitung überlassen hat und mir in zahlreichen Diskussionen beratend zur Seite stand.

B 7-5 Frau M. Eng. Petra Meier, Institut für Organische Chemie der Universität XXX, möchte ich für die Aufnahme der ^xY-NMR-Spektren herzlich danken.

B 7-6 Herrn Hans Dehmann danke ich für die freundliche Unterstützung beim Bau der Spezialapparaturen, ohne die diese Arbeit nicht zustande gekommen wäre.

Danksagung Wenn ausschließlich solche „dankenden" Aussagen vorkommen, können Sie diesen Vorspann mit „Danksagung" oder „Dank" statt mit „Vorwort" überschreiben. (Vielleicht können Sie an dieser Stelle auf eine Überschrift sogar verzichten.)

In Vorwort oder Danksagung können Sie auch auf finanzielle oder andere Unterstützung hinweisen. Es gibt Organisationen, deren Vergaberichtlinien für solche Anmerkungen eine bestimmte Form vorsehen, z. B.

B 7-7 a Ich danke der Stiftung XX, die mein Studium in den Jahren 2006 und 2007 finanziell unterstützt hat.

b Mein Dank gilt der Firma ZZ, die das YY-Gerät drei Monate kostenlos für meine Untersuchungen zur Verfügung stellte.

Manchmal nimmt der Hinweis die Form einer einfachen Feststellung an. Mit einem Satz wie

B 7-8 Diese Untersuchungen wurden durch den Sonderforschungsbereich 42 der Deutschen Forschungsgemeinschaft unterstützt.

kann das Vorwort ausklingen. In einer Danksagung sind mehrfache Wiederholungen der Form

B 7-9 "Ich danke ...", "Weiterhin danke ich ...",
"Schließlich danke ich ..."

Verb „danken" unschön. Bei wenigen Adressaten lässt sich das Anliegen noch durch Ausdrücke wie

B 7-10 "zu Dank verpflichtet sein", "Dank aussprechen"

variieren. Wenn mehreren Personen oder Institutionen gedankt werden soll, zählen Sie besser die Verdienste der einzelnen auf, z. B.

B 7-11 Frau XX half mir bei ...
Herr ZZ hat ...
Frau YY unterstützte mich tatkräftig bei ...

und schließen die Aufzählung mit einem „einzigen Dank" ab, z. B.

B 7-12 ... Ihnen allen sei an dieser Stelle herzlich gedankt.

Absätze Machen Sie nicht nach jedem Satz im Vorwort einen Absatz – Zusammengehörendes sollte in einem Absatz stehen. (Ihr Betreuer hat in der Regel einen eigenen Absatz verdient.) Das Vorwort soll auf einer rechten Seite beginnen; wenn es nicht länger ist als die eine Seite, bleibt die Rückseite frei.

Das Vorwort wird oft mit Ort, Datum und Namen gezeichnet wie in Ü 7-3.

Ü 7-1 An welche Stelle einer Prüfungsarbeit wird eine Widmung gesetzt? Wo steht das Vorwort (die Danksagung)?

Ü 7-2 Werden die Seiten mit einer Widmung oder einem Vorwort (einer Danksagung) nummeriert?

Ü 7-3 Verbessern Sie das folgende Vorwort unter formalen und sprachlichen Gesichtspunkten.

Vorwort

Die vorliegende Arbeit wurde im Arbeitskreis AA des Instituts für BB der Universität CC von Juli 20XX bis November 20YY ausgeführt. Ich danke Herrn Professor Dr. P. Tettler, dass er mir das Thema dieser Arbeit zur selbständigen Bearbeitung überlassen hat, und für die Unterstützung, die er meiner Arbeit zukommen ließ. Herrn Dr. K. Müllermann und den anderen Mitarbeitern des Instituts danke ich für viele hilfreiche Diskussionen. Ich danke Herrn Pehmann, der mich bei der Aufnahme und Interpretation der Y-Spektren unterstützte. Schließlich danke ich der Gesellschaft für ZZ, dass Sie mir in der Zeit von Juli 20XX bis Dezember 20YY ein Stipendium gewährte.

Z-Stadt, im November 20YY   Hans Isekowitch

8 Inhaltsverzeichnis

- Diese Einheit zeigt, wie aus den Überschriften von Kapiteln und Abschnitten ein Inhaltsverzeichnis hervorgeht.

- Nach dem Durcharbeiten werden Sie ein korrektes Inhaltsverzeichnis anfertigen und möglicherweise bestehende formale Fehler im Aufbau Ihrer Arbeit erkennen und beseitigen können.

F 8-1 An welcher Stelle einer Prüfungsarbeit soll das Inhaltsverzeichnis stehen – vor der Abhandlung oder am Ende?

F 8-2 Wie sind Überschriften von Kapiteln und Abschnitten zu benummern?

F 8-3 Müssen Überschriften im Inhaltsverzeichnis so angeordnet werden, dass man ihren Stellenwert sofort ablesen kann?

▷ | 2.2.5 |

Inhalt

Das Inhaltsverzeichnis (oft nur „Inhalt") besteht aus der geordneten Zusammenstellung aller Überschriften der Teile, Kapitel und Abschnitte nebst zugehörigen Seitennummern (Seitenzahlen). Es hat die Aufgabe, die Struktur der Arbeit im einzelnen aufzuzeigen und den Leser mit Hilfe der Seitenverweise zu den Stellen des Textes zu führen, an denen bestimmte Gegenstände oder Sachverhalte abgehandelt werden.

Überschriften, Seitenzahlen

Das endgültige Inhaltsverzeichnis können Sie erst anfertigen, wenn die Reinschrift „steht", denn die aufgelisteten Überschriften müssen mit den im Text vorkommenden identisch sein, alle Seitenzahlen müssen stimmen. (In vorläufigen Fassungen wird das Inhaltsverzeichnis, das aus dem Gliederungsentwurf hervorgegangen ist, auch schon den Entwürfen vorangestellt, um die Struktur der Arbeit immer vor Augen zu haben.)

Ein (verkürztes) Inhaltsverzeichnis kann folgendermaßen aussehen:

Länge
von Abschnitten

[Dass die Beispiele nur Auszüge aus einer tatsächlich vorgelegten Gliederung sein können, erkennt man an den Seitenzahlen, z. B. an dem großen Sprung von S. 39 nach S. 78. Geht man davon aus, dass spätestens
nach fünf Seiten eine neue Überschrift kommen sollte, so wird ersichtlich, dass Abschnitt 2.2 untergliedert sein müsste oder, noch wahrschein-
licher, dass weitere Abschnitte 2.3, 2.4, ... hier unterschlagen worden sind.]

Sie können die Überschriften der Kapitel (oberste Gliederungsebene) durch
die Schrift (z. B. Fettdruck oder größere Schrift) und zusätzlich durch Freiraum von den darüberstehenden Überschriften absetzen, z. B. (verkürzt):

B 8-2

Fluchtlinie

Die Einhaltung einer „Fluchtlinie" für den Beginn der Überschriften (nach
der Benummerung) erhöht die Übersichtlichkeit von Inhaltsverzeichnis-
sen. Bei der gewählten Schreibweise sieht man auf einen Blick, welche
Überschriften hohen und welche niederen Rang haben oder wo neue Kapitel beginnen. Die Fluchtlinie, d. h. die gedachte senkrechte Linie, auf der
die eigentlichen Überschriften (Abschnittstitel) beginnen, ist durch die
Länge der längsten Abschnittsnummer bestimmt. Zwischen die letzte Ziffer
der längsten Abschnittsnummer und den ersten Buchstaben der Überschrift
legen Sie noch zwei oder drei Leerzeichen.

Einrücken

Das Einrücken der Überschriften wie beispielsweise in

B 8-3

lässt die Gliederung des Textes noch besser erkennen, benötigt aber meist mehr Platz und ist nicht notwendig.

Seitennummern Die Seitennummern können auch – statt an das Ende der „Führungspunkte" – mit einigen Leerzeichen direkt hinter die Überschrift geschrieben werden, z. B.:

B 8-4
3   Reaktionen in unpolaren Medien   78
3.1   Reaktionen in kondensierter Phase   78
3.1.1 Photolyseversuche mit Cyclohexan als Lösungsmittel   78
3.1.2 Photolyseversuche mit Benzol als Lösungsmittel   95
3.2   Reaktionen in der Gasphase   102
4   Experimentelles   112

Beachten Sie, dass hinter den Kapitel- und Abschnittsnummern und am Ende der Abschnittstitel kein Punkt steht.

Stellengliederung Die Überschriften tragen als Kennzeichnungsmerkmale gegliederte Nummern. Textteile, die der Stellengliederung – fälschlich – nicht unterworfen sind, erkennt man oft daran, dass die Seitenzahl eines Kapitels oder Abschnitts und die des ersten Abschnitts in der darunter liegenden Gliederungsebene verschieden sind, z. B.:

B 8-5
...
5   Umsetzung von **1** mit Phosgen 42
5.1 Reinigung von **1** 43
...

Aus den Seitennummern von B 8-5 folgt, dass zwischen der Überschrift zu Kapitel 5 (auf Seite 42) und der zu Abschnitt 5.1 (auf Seite 43) noch Text im „klassifikatorischen Niemandsland" steht, was vermieden werden soll.

Einem Abschnitt wie 5.1 muss wenigstens einer vom selben Rang folgen, also Abschnitt 5.2 und evtl. weitere (5.3, ...); einem Abschnitt 6.3.1 muss ein Abschnitt 6.3.2 folgen, sonst kann man auf ihn verzichten: schließlich erwartet man nach einem „erstens" auch ein „zweitens". Fehler dieser Art erkennt man ebenfalls leicht am Inhaltsverzeichnis. Beispielsweise fehlen offensichtlich in

B 8-6
...
4   Experimentelles
4.1   Darstellung der Ausgangsverbindungen
5   Spektroskopische Untersuchungen
5.1   IR-Spektren
5.2   NMR-Spektren
5.2.1 ^{13}C-NMR-Spektren
5.3   Raman-Spektren
...

die Abschnitte 4.2 und 5.2.2, oder die Unterabschnitte 4.1 und 5.2.1 sind überflüssig, d. h., man hätte Kapitel 4 und Abschnitt 5.2 nicht zu untergliedern brauchen.

Die gegliederten Abschnittsnummern sollen aus nicht mehr als fünf „Stellen" bestehen; schöner ist eine Gliederung, die mit bis zu drei Stellen auskommt. Eine Möglichkeit, eine Stelle zu sparen, besteht in der Einführung von Teilen in römischer Zählung, denen sich die – arabisch benummerten – Kapitel und Abschnitte unterordnen. Die Kapitel sollten dann durchgängig über alle Teile gezählt werden, wie in L 8-2 b*) an einem Beispiel gezeigt wird (vgl. auch B 10-5). Eine andere Möglichkeit besteht darin, die Gliederungseinheiten der untersten Ebene unbenummert zu lassen (s. B 11-7). (Einen weiteren „Trick" können Sie B 14-1 entnehmen.)

Einer tatsächlich vorgelegten Dissertation ist das folgende Inhaltsverzeichnis unter geringfügiger Schematisierung entnommen. Es zeigt die durchgängige Abschnittsbenummerung nach der Stellengliederung über sämtliche Teile der Arbeit hinweg. Die Hauptüberschriften der obersten Gliederungsebene entsprechen weitgehend den Bestandteilen des „Standardaufbaus" (s. S. 46), wobei die betreffenden Teile nach Bedarf weiter untergliedert sind. Die Struktur des „Experimentellen Teils" (hier: als „Material und Methoden" unmittelbar auf die „Einleitung" folgend) wiederholt sich im Wesentlichen im Teil „Ergebnisse".

---

* s. dazu in Schlussteil „Lösungen der Übungsaufgaben".

Die Gliederung ist eine (gute) Lösung für eine in Einheit 3 gestellte Aufgabe (Ü 3-3).

Auf die Hauptteile einer solchen Arbeit – Einleitung, Material und Methoden (sonst oft: Experimenteller Teil), Ergebnisse, Diskussion, Schlussfolgerungen – gehen wir in den folgenden Einheiten näher ein. Daneben gibt es, z. B. in stärker theoretisch ausgerichteten Fächern wie der Physik, Situationen, in denen es ratsam ist, den starren Rahmen aufzubrechen. Wir wollen hier dem vertrauten Kanon folgen (vgl. „Ein Wort zuvor" am Anfang von Teil II).

Ü 8-1   Schlagen Sie Verbesserungen zu Aufbau und Gestaltung des folgenden Inhaltsverzeichnisses vor.

...

3	Ergebnisse und Diskussion 36	
3.1	Das Transferrin-Polylisin-Konjugat	36
3.1.1	Herstellung	38
3.1.2	Konjugationstest	41
3.1.3	Verteilungskoeffizient des Konjugats	44
3.2	Oberflächeneigenschaften von Erythroblasten	49
	Vorbemerkungen	49
3.2.1	Normales Verhalten nichtinkubierter Zellen . . .	52
3.2.2	Modifiziertes Verhalten nach Inkubation mit dem Transferrin-Polylisin-Konjugat	56
3.2.3	Ein neues Modell der Erythroblasten-Membran . . .	61
	usw.	

Ü 8-2   Die Gliederung in B 8-1/B 8-2 weicht in einer Hinsicht von dem schon in Einheit 3 vorgestellten „Standardaufbau" ab. Worin besteht die Abweichung? Wie könnte man die Gliederung näher an die Standardform heranführen?

Ü 8-3   Würden Sie die folgende Struktur einer Prüfungsarbeit für zulässig halten? In welcher Disziplin könnte sie zweckmäßig sein? (Untergliederungen sind weggelassen)

1 Einführung
2 Theorie (oder: Das Modell o. ä.)

     3 Experimentelles
     4 Ergebnisse
     5 Schlussfolgerungen

Ü 8-4   Welcher Bestandteil in Ü 8-3 könnte folgende Untergliederung aufweisen?

     X.1 Das Donnan-Gleichgewicht
     X.2 Osmotische und Sedimentationsgleichgewichte
     X.3 Störung des Interphasengleichgewichts und Dissipation des Membrantransports
     X.4 Berechnung der Dissipationsfunktion des Membrantransports

Ü 8-5   Wozu braucht man überhaupt Abschnittsnummern?

9 Zusammenfassung

- In dieser Einheit nennen wir Ziele und Merkmale einer Zusammenfassung und geben Hinweise zu ihrer Gestaltung.

- Nachdem Sie diese Einheit gelesen haben, sollten Sie in der Lage sein, Ihre Arbeit auf *einer* Seite „vorzustellen" und gute von schlechten Zusammenfassungen zu unterscheiden.

F 9-1 Wozu braucht eine Prüfungsarbeit eine Zusammenfassung?

F 9-2 Bedeuten die Begriffe Kurzreferat, Abstract, Schlussfolgerungen, Synopse und Zusammenfassung unterschiedliche Inhalte oder Formen?

F 9-3 Wie lang darf die Zusammenfassung einer Prüfungsarbeit sein?

F 9-4 Dürfen in der Zusammenfassung einer Prüfungsarbeit Tabellen, Abbildungen oder Strukturformeln stehen?

F 9-5 Sollen experimentelle Einzelheiten in eine Zusammenfassung aufgenommen werden?

F 9-6 An welcher Stelle Ihrer Prüfungsarbeit kann die Zusammenfassung stehen?

F 9-7 Weshalb befassen sich Normen mit dem Thema „Zusammenfassung wissenschaftlicher Dokumente"?

 2.2.4, 3.3.2

Zusammenfassung Die Zusammenfassung (*engl.* abstract) ist der Teil einer Prüfungsarbeit, in dem Ziele der Untersuchung, angewandte Methoden und wichtigste Ergebnisse knapp beschrieben werden. Viele Dokumentationssysteme verwenden "Abstracts" stellvertretend für die Artikel selbst. Schon aus diesem Grund kommt der Zusammenfassung eine große Bedeutung zu.

Schlussfolgerungen (s. Einheit 13) sind keine Zusammenfassung, eine Zusammenfassung kann aber schlussfolgernde Aussagen enthalten. Gibt es allerdings einen eigenen Teil „Schlussfolgerungen", so bleibt ihm die Bewertung der Ergebnisse überlassen.

„Geschichte"   Ihre Prüfungsarbeit soll keine Aufzählung von Einzelheiten sein, sie soll eine „Geschichte" erzählen: Was war am Anfang, was kam dann, wie war die Lage am Schluss? Allerdings räumen Ihnen die praktischen Erfordernisse eine Menge „dichterischer Freiheiten" ein: Erzählen Sie die „Geschichte" nicht, wie sie sich zugetragen hat, sondern wie sie sich gut liest! Die Fakten müssen stimmen, aber das Drehbuch schreiben Sie.

In der Zusammenfassung soll der Leser eine Kurzversion dieser Geschichte erfahren. Die Zusammenfassung soll die Grundzüge der Arbeit wiedergeben und höchstens auf einige wichtige Einzelheiten eingehen.

Vorschau und Rekapitulation   In der Zusammenfassung soll nichts stehen, was nicht auch im Hauptteil (in ausführlicherer Form) nachzulesen ist. Sie ist eine Vorschau auf das Folgende und soll demjenigen zur Rekapitulation dienen, der den Text der Arbeit schon gelesen hat. Die Zusammenfassung ist also ein verkleinertes Bild der Arbeit.

Frage und Antwort   Eine Zusammenfassung soll nicht vage oder allgemein und auch nicht zu detailliert sein. Sie muss spezifisch und notgedrungen selektiv-wertend sein. Sie darf in ein oder zwei Sätzen den Hintergrund der Arbeit anreißen, damit die mit der Arbeit verbundene Fragestellung klar wird. Sie soll aufzeigen, was getan wurde, um die Frage zu klären; was gefunden wurde; und wie die Antwort auf die gestellte Frage schließlich lautet. Auch was die Antwort impliziert – selbst Spekulatives – darf angesprochen werden.

Den Inhalt einer Arbeit von vielleicht hundert Seiten auf eine einzige zu verdichten, kann ungemein schwierig sein: es gilt, jedes Wort abzuwägen. Die offiziellen „Abstracts" von Publikationen zur Aufnahme in Referateorgane werden von speziellen Redakteuren verfasst, und es gibt Normen darüber, wie zu verfahren ist.*)

Eigenschaften   Damit eine Zusammenfassung möglichst unabhängig vom Text gelesen und ggf. sogar dokumentarisch genutzt werden kann, muss sie mehrere Eigenschaften erfüllen. Sie soll sein:

– vollständig: Von den Inhalten sollen auch Nebenthemen, die wissenschaftlich bedeutsam sind, berücksichtigt werden;

– genau: Inhalte und Meinungen des eigentlichen Textes sollen unverfälscht und ohne „Akzentverschiebung" wiedergegeben werden;

---

*   Im deutschen Regelwerk (DIN 1426) wird die Bezeichung „Kurzreferat" äquivalent zu "abstract" verwendet, während „Zusammenfassung" als gleichbedeutend mit „Schlussfolgerungen" benutzt wird. Da sich der Begriff „Kurzreferat" bei Prüfungsarbeiten nicht durchgesetzt hat, weichen wir hierin in diesem Buch von der Norm ab.

– objektiv: die Zusammenfassung mag bewerten, aber sie soll (auch wenn ein kontrovers diskutierter Gegenstand bearbeitet wurde) nicht urteilen oder „verurteilen";

– kurz: nur die wichtigen Ergebnisse der Arbeit werden aufgeführt;

– verständlich: nach Möglichkeit sollen nur weit verbreitete Fachausdrücke, Bezeichnungen, Symbole und Abkürzungen verwendet werden.

Hauptziel Vor allem soll die Zusammenfassung einer Prüfungsarbeit informativ sein, so dass der Leser den Wert und die Brauchbarkeit der Arbeit für seine eigenen Zielsetzungen erkennen kann. (Es gibt auch den Typus des „indikativen" Referats, das lediglich angibt, wovon das Dokument – z. B. ein Übersichtsartikel in einer Zeitschrift – handelt, doch würde eine so abgefasste Zusammenfassung den hier verfolgten Zweck verfehlen.)

Gewichtung Die gesteckten Ziele erreichen Sie am besten, indem Sie den Aufbau der Zusammenfassung am Aufbau des eigentlichen Textes orientieren. Gewichtungen sind wegen der gebotenen Kürze allerdings nicht zu vermeiden. Beispielsweise können Sie in einer ergebnisorientierten Arbeit methodische Ansätze zurücktreten lassen. Umgekehrt wird man in einer methodenorientierten Arbeit Ergebnisse nur insoweit vorstellen, als sie zur Validierung der Methode von Bedeutung sind. Von zahlenmäßigen Ergebnissen werden Sie nur die wichtigsten bringen können.

Passiv-Imperfekt Die soeben getroffene Einteilung (ergebnis- oder methodenorientiert) bewährt sich generell bei naturwissenschaftlichen Experimentalarbeiten. Sie findet auch in der Sprachform der Zusammenfassung ihren Niederschlag. Wenn Beobachtungen, Messungen oder andere Ergebnisse im Vordergrund Ihrer Arbeit standen, können Sie Fragestellungen im Passiv-Imperfekt formulieren:

B 9-1 Es sollte geprüft werden, ob ...
(wieviel ..., unter welchen Bedingungen ...)

um dann weiterzufahren im Sinne von

B 9-2 Dazu wurde ...
Zur Bestimmung von X wurde ...
Es wurde gefunden, dass ...
Messungen bei XXX ergaben, dass ...

Präsens Bei den Antworten wird oft das Präsens verwendet. Die Antwort darf die Frage zum Teil fast wörtlich wieder aufnehmen, z. B.

B 9-3 Tatsächlich gilt ...
Die Ergebnisse lassen ...
Somit ist ... (kann ausgeschlossen werden ...)

In einer methodenorientierten Arbeit werden Sie die neue Methode ansprechen, z. B. mit

B 9-4   … ein computergestütztes System zur kontinuierlichen Messung des Sauer-
stoff-Verbrauchs in …

Dann ist zu sagen, was die Methode bewirkt, wie der Apparat funktioniert,
was man damit machen kann und welche Vorteile die Methode gegenüber
bisherigen hat. Gut sind Angaben, die schon beim Lesen der Zusammenfassung überzeugen, dass es sich um eine neue Methode handelt, die ver-
lässlich, genau usw. ist. Dabei helfen Begriffe wie

B 9-5   … wurde entwickelt …
… wurde unter X-Bedingungen mit Erfolg eingesetzt …
… konnte mit einer Genauigkeit von YYY gemessen werden …

Auch hier können Aussagen im Präsens verwendet werden, z. B.

B 9-6   … die Anordnung besteht aus …
… zusätzliche Vorteile sind …
… wird vereinfacht (verbessert) …

Aktiv   Besonders „griffig" wirken Zusammenfassungen, in denen Eigenschaften
des untersuchten Systems unmittelbar im Aktiv beschrieben werden:

B 9-7   … wandelt sich …   … steigt mit …

… zeigt signifikant …   … hat keinen …

Eine Zusammenfassung soll ohne Rückgriff auf den nachfolgenden Text
verständlich sein. Sie soll keine Tabellen, Abbildungen, gezeichneten
Strukturformeln oder anderen grafischen Elemente enthalten. Auch Hinweise auf Stellen im Text (wie Abbildungen, Tabellen oder Formeln)
gehören nicht in die Zusammenfassung. (Darin unterscheidet sich eine
Zusammenfassung von der „Synopse" genannten Kurzfassung, die einige
Zeitschriften anstelle des vollständigen Beitrags veröffentlichen.) Sind
chemische Verbindungen in der Arbeit mit Formelnummern belegt, so erleichtern Sie den Vergleich von Zusammenfassung und Text, indem Sie
die Nummern auch in der Zusammenfassung (*zusätzlich* zu den Verbin-
dungsnamen, durch Nachstellen) verwenden.

Hinweise auf   Auf die Literatur beziehen Sie sich in der Zusammenfassung nur in allge-
Literatur   meiner Form, z. B. durch Hinweise wie

B 9-8   … konnte erstmals gezeigt werden, dass …
… im Gegensatz zu bisherigen Literaturangaben …

Wenn Ihre Prüfungsarbeit eine besonders umfangreiche Literaturübersicht
enthält, können Sie darauf in der Zusammenfassung durch einen Satz wie

B 9-9   … Der Arbeit vorangestellt ist eine Literaturübersicht, die alle bisherigen
Arbeiten zur … vergleicht.

hinweisen.

Umfang   Ihre Zusammenfassung soll nicht mehr als etwa 300 Wörter umfassen. (Unter einem Wort versteht man hier auch eine Abkürzung, eine Zahl, selbst

das Einheitensymbol „g" für Gramm.) Und sie soll, was den Platzbedarf betrifft, eine Seite möglichst nicht überschreiten. Leser – Betreuer der Arbeit, Gutachter, Korreferent usw. – können sich so „auf einen Blick" einen ersten Eindruck von der Arbeit verschaffen.

Eine Zusammenfassung für eine Bachelor-, Master- oder Staatsexamensarbeit ist meist kürzer als diejenige für eine Dissertation.

Schriftgröße Für die Zusammenfassung können Sie eine kleinere Schrift als die Hauptschrift verwenden. Dadurch hebt sich dieser Text vom Haupttext ab, und Sie kommen vielleicht mit einer Seite aus.

Platzierung Oft steht die Zusammenfassung nach dem Vorwort oder der Danksagung und vor dem Inhaltsverzeichnis, also wie bei Publikationen am Anfang der Arbeit. Die Seite trägt dann ebensowenig wie Titelseite, Widmung, Vorwort und Danksagung eine Seitennummer. Viele Hochschullehrer bevorzugen demgegenüber bei Dissertationen einen Platz am Schluss der Arbeit (wie in B 8-7). Befolgen Sie die Richtlinien Ihres Fachbereichs. Zeitlich wird die Zusammenfassung natürlich immer am Schluss der Arbeit angefertigt.

äußere Form Die Zusammenfassung steht auf einem eigenen Blatt. Das Wort „Zusammenfassung" wird zentriert (d.h. auf Zeilenmitte geschrieben).

Eine (kurze) Zusammenfassung könnte beispielsweise so gelautet oder ausgesehen haben:

B 9-10   **Zusammenfassung**

Die Darstellung und einige physikalische Eigenschaften sowie spektroskopische Daten von N-Mesylhydroxylamin, $CH_3SO_2N(H)OH$ (**1**), werden erstmals beschrieben.
Bei der alkalischen Hydrolyse von **1** ($pK_a = 9,25$) entsteht gemäß

$$\mathbf{1} \xrightarrow[-H_2O]{+OH^-} CH_3SO_2^- + HNO$$
$$2\ HNO \xrightarrow{} N_2O + H_2O$$

als Zwischenprodukt „Nitroxyl", HNO.

Unter dokumentationstechnischen Gesichtspunkten ist eine solche Zusammenfassung kaum noch tolerierbar; die Reaktionspfeile und der mehrstufige Zeilenaufbau der Reaktionsgleichungen könnten bei der maschinellen Erfassung und Wiedergabe Schwierigkeiten bereiten.

Manche Hochschullehrer lassen vor dem Wort „Zusammenfassung" den Titel der Arbeit wiederholen. Für Zwecke der Dokumentation, wenn die Seite mit der Zusammenfassung unabhängig von der Examensarbeit benutzt wird, ist das sehr sinnvoll.

Ü 9-1   Der nachfolgende Text sei der Entwurf für die Zusammenfassung einer Masterarbeit. Kennzeichnen Sie die formalen Fehler und verbessern Sie diesen Text.

Zusammenfassung

Die vorliegende Masterarbeit wurde im Institut für Anorganische Chemie der HHH in der Zeit von Dezember 2008 bis Mai 2009 angefertigt.

Es sollte versucht werden zu klären, ob Verbindungen vom Typ XY–R auch dann mit Z reagieren, wenn die Reste R elektronegativ sind wie im Falle von R = A und B. Tatsächlich findet bei 80 ° C in allen untersuchten Fällen eine Reaktion statt, wenn ein geeignetes Lösungsmittel wie L1 oder L2 eingesetzt wird.

Es bilden sich dabei gemäß

XY–R + Z ——–> Z–R + XY

Verbindungen vom Typ Z–R (siehe z. B. Tab. 3-4 in Abschn. 3.5), die so in guten Ausbeuten (A: 90 %, B: 95 %) und bedeutend einfacher zugänglich werden, als in der Arbeit von Meyer und Müller [34] beschrieben.

Ü 9-2   In einer Masterarbeit mit dem Thema

Entfernen von ZZZ aus Rauchgasen:
Optimierung einer Filteranlage mit Y-Silikat

wurden folgende wesentliche Ergebnisse erzielt.

– Eine bisher nur mit X-Kohle betriebene Filteranlage wurde mit einem noch nicht im Handel befindlichen porösen Y-Silikat beschickt;
– das Y-Silikat muss vor seiner Verwendung ca. 30 min bei 500 ° C getempert werden;
– entfernt wurden damit bei den üblichen Betriebsbedingungen 90 % des zu absorbierenden ZZZ (X-Kohle: 75 %);
– im Gegensatz zu X-Kohle muss das Y-Silikat wegen der geringen Löslichkeit der Produkte nach der Absorption nicht als Sondermüll entsorgt werden.

Formulieren Sie dazu eine Zusammenfassung.

Ü 9-3   Beurteilen Sie die Aussagekraft, Prägnanz usw. der nachstehenden Zusammenfassungen. (Lassen Sie sich nicht davon irritieren, dass das erste Beispiel einer Publikation entnommen ist und somit über den Rahmen einer Prüfungsarbeit hinausgeht.)

a   Die vorliegende Arbeit umfasst die Beschreibung und die hauptsächlichen Ergebnisse einer totalen Leistungsbewertung sowie eines funktionellen Analysenprogramms, das in der XXX-Gesellschaft, wie bereits beschrieben [12], durchgeführt wurde. Das oberste Ziel des Programms war, gut definierte und zweckmäßige Herstellungsabläufe zur Verbesserung der Produktqualität, Herstellungsproduktivität und Gesamtwirtschaftlichkeit zu erzielen. Die Arbeit berichtet auch über die Ergebnisse zusätzlicher Computer-Arbeit, die unternommen wurde, um die Anwendbarkeit der Ergebnisse zu steigern. Die angewendete Methodologie zur Verwendung des entwickelten Computer-Materialgleichgewichts (MASSBAL) bei der Auswertung des Programms und in der Analyse des Auftretens stufenweiser Verbesserungen in den einzelnen bedeutsamen Fabrikbereichen wird ebenfalls dargestellt.

b   Die Röntgenstrukturanalyse von Blei unter Druck hat ergeben, dass sich die flächenzentriert-kubische Struktur bei Raumtemperatur und einem Druck von (130 ± 10) kbar in die hexagonal dichteste Kugelpackung umwandelt. Die Volumenänderung wurde zu (−0,18 ± 0,06) cm^3/mol bestimmt.

10 Einleitung, Problemstellung

- In dieser Einheit sollen die wesentlichen Merkmale und Bestandteile der Einleitung aufgezeigt werden.

- Nach dem Durcharbeiten werden Sie Sinn und Zweck Ihrer Arbeit vor dem Hintergrund der Literatur beschreiben und Interesse an Ihrem Bericht wecken können.

F 10-1 Was muss in einem mit „Einleitung" oder „Problemstellung" bezeichneten Abschnitt Ihrer Prüfungsarbeit stehen?

F 10-2 Was hat eine „Einleitung" mit Literaturarbeit zu tun?

F 10-3 Kann man anstelle der Überschrift „Einleitung" oder „Problemstellung" auch andere wählen, z. B. „Stand der Forschung", „Bisherige Arbeiten" oder „Literaturübersicht"?

F 10-4 Was soll der Leser nach Durchsicht der „Einleitung" wissen, was wollen Sie bei ihm bewirken?

F 10-5 Sollte eine Einleitung so gestaltet sein, dass darin *Ihr* Wissensstand zu Beginn Ihrer Arbeit beschrieben wird?

F 10-6 Was haben die Einleitung einer Prüfungsarbeit und ein Übersichtsartikel in einer Fachzeitschrift gemeinsam?

 | 2.2.6 |

Einleitung,
Einführung,
Problemstellung

Die Einleitung (auch Einführung) soll den Leser an die Thematik der Arbeit heranführen. Jede Experimentalarbeit in den Naturwissenschaften befasst sich mit Fragen an die Natur, in den Ingenieurwissenschaften mit der Lösung eines technischen Problems. In der Einleitung werden diese Fragen und Probleme formuliert. Viele Hochschullehrer ziehen ein anderes Wort (statt „Einleitung") vor: Problemstellung. Es drückt die Aufgabe des einführenden Abschnitts noch besser aus und verleitet weniger zu historischen Abschweifungen.

In der Einleitung zeigen Sie, wie Sie die Situation nach (!) Einarbeitung in die Problematik sahen. Überlegen Sie sich dazu:

– Wie und wann nahm das Thema in der Wissenschaft Gestalt an?
– Was war bekannt?
– Was musste geklärt werden?

In der Einführung soll alles, was das Verständnis fördert und beim Leser Neugier erweckt, nach sachlichen Gesichtspunkten zusammengestellt werden.

Stand der Forschung
Vor allem gehört hierher eine Übersicht über bisherige Ergebnisse des behandelten Arbeitsgebietes. Der Stand der Forschung muss sorgfältig dargelegt werden. Kein anderer Teil einer Bachelor-, Master- oder Doktorarbeit hat also so viel mit Literaturarbeit zu tun wie die Einleitung. Deshalb

Literaturübersicht
nennt man mindestens Teile davon manchmal auch „Literaturübersicht". Die Einleitung lässt sich in ihren wichtigsten Teilen mit Übersichtsartikeln vergleichen, wie sie in manchen Zeitschriften zu finden sind.

Die Einleitung soll einen Rahmen für die Ergebnisse Ihrer Prüfungsarbeit bilden.

Fremdes und Eigenes
Dabei achten Sie bereits bei der Einleitung – in noch erheblicherem Maß in den Teilen „Ergebnisse" und „Diskussion" (s. Einheiten 11 und 12) – darauf, dass Ihre eigenen Gedanken und Erkenntnisse von fremden deutlich abgegrenzt und als solche klar erkennbar sind.

Fragestellung
Aus Bekanntem und Unbekanntem ergibt sich die Fragestellung. Eine größere Untersuchung, beispielsweise eine Dissertation, kann mehr als einer Frage nachgehen. Auch der Laie ahnt, dass jede wissenschaftliche Erkenntnis zehn neue Fragen aufwirft; jede Vermehrung des Wissens macht nur noch deutlicher, was alles nicht gewusst wird. So sind die Einleitungen meist relativ einfach zu strukturieren und zu formulieren. Ein bisschen Dramatik darf dabei mitschwingen.

Gegen Ende der Einleitung liest man dann (manchmal an Formulierungen in der Zusammenfassung erinnernde) Sätze wie:

B 10-1
… Ziel der Untersuchung war es daher, zu prüfen …
… Aus diesem Grund schien die Frage von besonderem Interesse …
… war keine gezielte Maßnahme zu ergreifen, solange XXX unbekannt war.
… musste daher vordringlich geklärt werden, ob …

Neugier und Spannung
Wie die Beispiele zeigen, können Sie die Frage wörtlich hinschreiben. Ob man in einer Einleitung auch schon die Antwort geben soll, wird unterschiedlich beurteilt. Wenn Sie es tun, geben Sie ein Moment der Spannung aus der Hand. Andererseits soll eine Prüfungsarbeit kein Krimi sein, bei dem man erst auf der letzten Seite den Täter erfährt. Es kann also, besonders bei komplexen Untersuchungen, Sinn machen, die entscheidende neue Einsicht schon in der Einleitung mitzuteilen:

B 10-2   ... ob X oder Y gilt. Die Ergebnisse der ... sind nur mit X vereinbar.
              ... womit Z erstmals eindeutig nachgewiesen werden konnte.

Die nachfolgenden Beispiele zeigen Inhalte gegliederter Einleitungen. In den beiden ersten Abschnitten von B 10-3 wird das Ziel, das sich der Autor gesetzt hat, vorbereitet, um dann im dritten Abschnitt als Frage formuliert zu werden. (Gewissermaßen: „Ich wollte bestimmte Y-Verbindungen nach dem X-Verfahren herstellen. Würde es gelingen?")

B 10-3   1 Einleitung
              1.1 Geschichtlicher Abriss des X-Herstellungsverfahrens
              1.2 Überblick über die Chemie der Y-Verbindungsklasse
              1.3 Ein neuer Zugang zu bicyclischen Y-Verbindungen?

gegliederte   Auch die ersten Abschnitte des Gliederungsbeispiels B 10-4 wecken den
Einleitung   Eindruck einer sorgfältigen Analyse, die dann in Eigeninitiative mündet. Zuerst wird ein – sogar gesellschaftspolitisches – Problem nicht nur unter technisch-wissenschaftlichen, sondern auch unter rechtlichen Gesichtspunkten vorgestellt. Hinter der nüchternen Überschrift 1.4 verbirgt sich dann offenbar der Lösungsansatz dieser Arbeit.

B 10-4   1 Einleitung und Problemstellung
              1.1 Verwendung und ökologische Bedeutung von Halonen
              1.2 Rechtliche Grundlagen
              1.3 Bisherige Entsorgung von Halonen
              1.4 Umwandlung von Halonen durch katalytische Hydrierung
              2 Ergebnisse und Diskussion
              ...

Teile   Die Einleitung eröffnet den Hauptteil der Arbeit; Sie können die Einleitung auch als einen ersten „Teil" der gegliederten Arbeit ansehen und in den Gesamtaufbau beispielsweise so integrieren:

B 10-5   Zusammenfassung

              Teil I Einführung
              1 XXX
              2 XXX
              Teil II Experimentelles
              3 XXX
              4 XXX
              5 XXX
              Teil III Ergebnisse und Diskussion
              6 XXX
              7 XXX
              Schlussfolgerungen
              Literatur
              Anhang

[Teil II beginnt also im Beispiel mit Kapitel 3.]

Methode   In der Einleitung soll auch schon die Methode vorgestellt werden, mit der das Problem angegangen wurde. Typische Wendungen sind etwa:

B 10-5 ... Dazu wurde ...
... Um zu entscheiden, ob ..., wurde ...
... Um zu verhindern, dass ..., wurde ...
... Aus diesen Gründen schien eine erneute Untersuchung von XX unter
besonderer Beachtung der ... von Interesse.
... Deshalb sollte mit Hilfe von Peilsonden geklärt werden, wie sich Y auf das
Flugverhalten von Z auswirkte.

1. Person In Publikationen liest man zunehmend neben diesen unpersönlichen Passivkonstruktionen auch die aktive Verbform in der 1. Person, d. h. die Autoren bringen sich unmittelbar ein:

B 10-7 ... Dazu ließen wir ...
... Dazu trennten (stellten, legten ...) wir ...
... Wie wir jetzt durch ... zeigen konnten, ist dies tatsächlich der Fall.
... Mit der Absicht, Pro-Pharmaka mit Antimalaria-Aktivität zu erlangen,
bereiteten wir ...

(„Mit der Absicht, Pro-Pharmaka mit Antimalaria-Aktivität zu erlangen,
wurden ... zubereitet" wäre – auch wenn es so gedruckt wurde – wohl nicht
ganz richtig: da scheinen die Zubereitungen eine Absicht zu haben – Kreuz
des Passivs!)

„Ich"-Form Ob der Verfasser oder die Verfasserin einer Prüfungsarbeit in der „Ich"-
Form auftreten möchte, sei der persönlichen Entscheidung überlassen. (Wir
würden es nicht tun.)

Material Neben Hinweisen und Methoden gehören auch Angaben über das „Material" in die Einleitung. Bei Arbeiten mit biologischem Untersuchungsgut
sind Angaben z. B. über die untersuchte Tierart, die Auswahl der Stich-
proben, die statistische Bewertung der Ergebnisse u. ä. erforderlich. In den
nachfolgenden Teilen der Arbeit wird dies alles noch näher ausgeführt
werden. Zunächst ist aber dafür gesorgt, dass der Leser mit Verständnis
und daraus „Sympathie" allem Weiteren folgen kann.

Richtlinien Ins Einzelne gehende Richtlinien oder Normen über die Form von Einleitungen, etwa ihre Länge, gibt es nicht. (Dies war anders bei den Zusammenfassungen in Einheit 9 oder bei den Titeln in Einheit 6, die beide
Gegenstände öffentlicher Informations- und Dokumentationssysteme sind.)
Sollten sich allerdings in den Richtlinien Ihrer Hochschule entsprechende Hinweise finden, so beachten Sie diese bitte.

Umfang Eine Einleitung kann durchaus auf einer Seite Platz haben (s. Ü 10-3). Bei
einer Einleitung von mehr als fünf Seiten kommt der Verdacht auf, dass
es mehr darum geht, Seiten zu füllen, als einen komplexen Sachverhalt
sorgfältig darzulegen. Zehn Seiten sehen wir für eine Experimentalarbeit
als zumutbare Obergrenze an, bei deren Überschreiten wir als Betreuer
eingreifen würden.

Die Einführungen von Zeitschriftenartikeln – bei englischsprachigen Arbeiten heißen sie "Introduction" – geben oft sehr gute Anregungen, wie man es machen kann. Manche Autoren kommen mit einem oder zwei Sätzen aus, wie beispielsweise viele Zuschriften in *Angewandte Chemie* belegen. Dabei stehen oft auch hinter diesen kurzen Originalpublikationen ausgewachsene Doktorarbeiten. Hier einige kommentierte Beispiele für unsere Zwecke:

B 10-8 Obwohl man Verbindungen mit direkter X-Y-Bindung seit einiger Zeit in der organischen Synthese einsetzt [1], sind ihre Strukturen erst in den achtziger Jahren aufgeklärt worden [2-12]. Unser Interesse an X-Y-Verbindungen ist vor allem durch die Isolierung von Z [10] geweckt worden ...

[Der ferne – synthetische – Hintergrund wird geschickt mit einem Zitat angedeutet; bei [1] handelt es sich um einen 40-seitigen Beitrag in einem Handbuch. Sodann wird die Aufmerksamkeit des Lesers auf einen speziellen – strukturchemischen – Aspekt gelenkt, der gleich mit 11 Arbeiten belegt wird. Allein durch den Hinweis auf deren Aktualität springt das Interesse der Autoren auf den Leser über. (Natürlich stehen im Original statt X und Y jeweils ein Elementsymbol, statt Z eine chemische Formel.) An der Abbruchstelle „ ... " in B 10-8 ist die Einleitung der Autoren noch nicht fertig – es gibt auch keine typografische Abgrenzung –, aber der Leser kann sich bereits denken, wie es weiter geht: es wird eine neue, mit „Z" verwandte Verbindung hergestellt, ihre Struktur wird aufgeklärt und ihre Eignung für die Synthese wird nachgewiesen werden.]

B 10-9 Das X-Y-System spielt eine zentrale Rolle bei der Pathogenese des Bluthochdrucks, u. a. über den zirkulierenden Vasokonstriktor Z. Y-Converting-Enzyme-Inhibitoren werden bereits in der Therapie eingesetzt. Daneben werden X-Inhibitoren aufgrund ihrer vermuteten größeren Selektivität ...

[Mit einigen wenigen Worten wird in die biochemische – und therapeutische! – Bedeutung eines komplexen Systems eingeführt. Zusammen mit der Überschrift vermutet der Leser bereits, was folgen wird: Bereitstellung besserer X-Inhibitoren. Man ist als Leser gespannt, ob und wie das gelingen wird und ob schon pharmakologische Befunde vorliegen. (Letzteres war im Beispiel nicht der Fall; aber im Schlusssatz, den wir hier nicht mehr aufgeführt haben, erfährt der Leser, dass tatsächlich mehrere Zielverbindungen gewonnen und hinsichtlich ihrer enzyminhibitorischen Wirkung vermessen werden konnten.)]

Sicher werden Sie nach der Lektüre dieser Beispiele auf eine Idee kommen, nämlich: eine ganze Anzahl Einführungen von Publikationen zu lesen, bevor Sie Ihre eigene schreiben. Dies ist eine gute Idee. Für den Augenblick helfen vielleicht unsere Übungen noch weiter.

Ü 10-1 Kommentieren Sie die folgende (besonders kurze) Einleitung.

Einleitung

In unserem Labor arbeiten wir seit langem an der Synthese von X. In dieser Arbeit wird gezeigt werden, dass X – im Gegensatz zu den Angaben von Jünger und Meyer [1] – aus dem industriellen Abfallprodukt YY erhalten werden kann.

Ü 10-2 Verdichten Sie die folgenden Aussagen zu einer Einleitung.

– Mayer, 1921: Entdeckung des ersten Vertreters Y der Verbindungklasse XXX; Synthese sehr kleiner Mengen
– Müller und Mahler, 1955: Größere Mengen von Y dank eines neuen Synthesewegs über Z
– Chiang, 1958: Spektroskopische Untersuchung und einfache chemische Reaktionen von Y
– Peters, 1961: Verwendung von Y als Ausgangsstoff in der Pharmazie zur Synthese von Vertretern der Klasse DDD
– Miller, 1969: Y ist technisches Produkt, seit die Umsetzung so gesteuert werden kann, dass Nebenprodukt A nur noch in geringen Mengen (um 10 %) entsteht
– Ziel dieser Arbeit: Reaktionsbedingungen der technischen Produktion von Y (besonders Temperatur und Lösemittel) in Laborversuchen so zu variieren, dass Bildung von A deutlich unter 10 % gesenkt werden kann.

Ü 10-3 Wie gefällt Ihnen die folgende Einleitung zu einer biomedizinischen Dissertation? Hätte man etwas besser machen können? Bitte begründen Sie.

Einleitung

Die medikamentösen Behandlungsmöglichkeiten für schwere Formen der Herzinsuffizienz haben dazu geführt, dass die Überlebenszeit der betroffenen Patienten länger geworden ist. Das trifft vor allem für die chronisch-congestiven Kardiomyopathien zu, bei denen die Therapie mit Vasodilatoren einen bedeutenden Fortschritt gebracht hat, indem sie zu objektiver und subjektiver Besserung der Herzinsuffizienz führt.

Bei den Patienten mit Low-output-Syndrom wurde bisher den rheologischen und hämatologischen Veränderungen nur wenig Beachtung geschenkt. Andere Autoren berichteten bei Krankheiten des kardiovaskulären Systems wie Morbus XXX über hämorheologische Veränderungen [1, 2, 3, 4, 5]. Über die klinische Bedeutung und die therapeutischen Aspekte dieser Erkenntnisse herrschen aber keine übereinstimmenden Ansichten. Es wurde einzig gezeigt, dass beim Morbus YYY während des Schubes durch Senkung des Fibrinogens mittels Plasmaphorese eindrückliche klinische Remissionen erzielt werden konnten [1]. Bei schwerer arterieller Verschlusskrankheit konnte durch Senkung des Fibrinogens in sehr tiefe Bereiche mit Schlangengiften mindestens temporär eine Verbesserung der Durchblutung erreicht werden [6, 7].

Möglicherweise spielen hämorheologische Veränderungen bei Patienten mit marginaler Herzleistung für die Blutversorgung der Gewebe eine relativ größere Rolle als bei Gesunden.

Es war Ziel dieser Arbeit, bei diesen Patienten die rheologischen Eigenschaften des Blutes zu untersuchen, um deren mögliche Einflüsse auf Herzleistung, Mikrozirkulation und thrombo-embolische Ereignisse zu erfassen.

11 Ergebnisse

> ● In dieser Einheit zeigen wir, welche Aussagen in den Teil „Ergebnisse" einer Prüfungsarbeit gehören, wie man diesen Teil von anderen abgrenzt und wie man die Ergebnisse mitteilt.
>
> ■ Mit diesen Hinweisen werden Sie in der Lage sein, die während Ihrer Arbeit gewonnenen Befunde wirkungsvoll und übersichtlich zu beschreiben.

F 11-1 Muss in einer Prüfungsarbeit ein Teil/Kapitel mit dem Wort „Ergebnisse" in der Überschrift vorkommen?

F 11-2 Worin unterscheiden sich die Teile „Ergebnisse" und „Diskussion"? Wann soll oder kann man beide zu einem Teil zusammenfassen?

F 11-3 Welche Befunde, Messwerte u. ä. gehören in den Teil „Ergebnisse", welche in den „Experimentellen Teil"?

F 11-4 In welchem Tempus sind Ergebnisse zu beschreiben: im Präsens, im Imperfekt oder Perfekt?

F 11-5 Müssen im Teil „Ergebnisse" experimentelle Einzelheiten aufgeführt werden?

F 11-6 Gehören Schlussfolgerungen in „Ergebnisse"?

 2.2.7

Standardaufbau Wir beantworten die eingangs gestellte Frage (F 11-1) zuerst, und zwar mit „nein": eine Prüfungsarbeit *muss nicht* einen besonderen Teil „Ergebnisse" enthalten – der dann fast zwangsläufig einen Teil „Diskussion" (Einheit 12) nach sich zieht –, aber wir gehen davon aus, dass er vorhanden ist („Standardaufbau", s. S. 46). Wir kennen mit summa cum laude bewertete Dissertationen, die nicht dem Standardaufbau unterworfen waren. Aber die meisten Fachzeitschriften verlangen dieses Muster, und schon von daher sind Sie am Anfang Ihres Wegs als publizierender Natur- oder Ingenieurwissenschaftler gut beraten, sich darauf einzustellen.

Beschreibung der
Befunde

Im Teil „Ergebnisse" wird mitgeteilt, was gefunden wurde, um die durch das Thema gestellte(n) Frage(n) beantworten zu können. Hier beginnt meist der eigentliche – nämlich der eigene – Beitrag der Arbeit zum Thema. (Steht der „Experimentelle Teil" im Anschluss an die „Einleitung", also noch vor den „Ergebnissen", so beginnt der eigene Beitrag dort.) War die Einleitung noch gedankliche Vorarbeit, ausführliche Beschreibung der Frage und ihres Umfeldes, so geht es jetzt darum, die eigenen Ergebnisse darzulegen und zu beschreiben. Dabei wird zunächst auf ihren Stellenwert nicht näher eingegangen, die Ergebnisse werden (noch) nicht bewertet („diskutiert").

Art und Umfang der
Untersuchung

Da Sie das wissenschaftliche Umfeld der Arbeit bereits in der Einleitung ausgeleuchtet haben, bedürfen die einzelnen Versuche oder Versuchsreihen und ihre Resultate keiner ausholenden Begründung, sie werden nur beschrieben. Man will zunächst erfahren, was „Sache" ist, welchen Umfang die Untersuchung angenommen hat, wie sorgfältig oder einfallsreich Sie gearbeitet haben.

„Ergebnisse" und
„Diskussion"

Erst danach wird der Leser wissen wollen, wie die Ergebnisse – in der „Diskussion" – gedeutet und im Licht von bereits Bekanntem gewertet werden. Es bedeutet daher einen Verlust an Übersichtlichkeit, wenn die Arbeit keine getrennten Teile „Ergebnisse" und „Diskussion" enthält. Nicht nur das Lesen wird dadurch erschwert, sondern auch das Schreiben; müssen Sie doch in solchem Falle vermehrt darauf achten, Tatsachen und Deutungen, Eigenes und Fremdes voneinander zu trennen.

Experimentelles

Im Teil „Ergebnisse" – in einer methodenorientierten Arbeit auch „Prüfung des Verfahrens" o. ä. – werden experimentelle Einzelheiten nur so weit mitgeteilt, wie sie zum Verständnis der Ergebnisse notwendig sind. Beispielsweise können Sie den Aufbau einer Versuchsanordnung oder die Funktion eines Apparates hier beschreiben, wenn sonst die Messungen nicht nachvollzogen werden können. Die Nennung der verwendeten Bauelemente und Materialien, von Arbeitsvorschriften und Manipulationen hingegen gehört in der Regel in den „Experimentellen Teil".

Verlässlichkeit

Nicht in den „Experimentellen Teil" abschieben sollten Sie Hinweise, die beispielsweise für die Beurteilung der Verlässlichkeit von Aussagen oder der „Robustheit" eines Verfahrens wichtig sind: dort übersieht der Leser diese Hinweise vermutlich. Machen Sie das „Kleingedruckte" – viele Zeitschriften setzen die Teile "Experimental" tatsächlich in einer kleineren Schrift – nicht zum Versteck für mögliche Schwachstellen Ihrer Untersuchung. Aussagen wie

B 11-1 ... umkristallisiert aus C_2H_5OH/H_2O (4 : 1) ...
... nach Öffnen des ovalen Fensters wurden die Präparate in
phosphatgepuffertem 2%igem Glutardialdehyd (pH 7,4) immersions-
fixiert ...

sind umgekehrt typisch „experimentell". Im Einzelfall zu entscheiden, was
wo berichtet werden soll, gehört zu den Schwierigkeiten beim Schreiben
dieses Teils.

Ergebnisse sind beispielsweise auch das Mikrofoto des Gewebeschnitts,
das Elektrophoretogramm des Homogenisats und das NMR-Spektrum der
Substanz. Hingegen sind chemische Strukturformeln und Reaktions-
schemata keine unmittelbaren Ergebnisse, sondern eher Gegenstand der
„Diskussion". Zunächst werden sie nur soweit herangezogen, als dies zur
Verständigung notwendig ist.

Daten Ergebnisse in den Naturwissenschaften, in Technik und Medizin bestehen
häufig aus „Daten", d. h. Beschreibungen von Dingen oder Eigenschaften
mit Hilfe von Zahlen und Einheiten. Es sind diese quantitativen Befunde,
die man bevorzugt in Tabellen und Abbildungen niederlegt. Diagramme
sind ein mächtiges Hilfsmittel, um die sonst so spröden Zahlen „lesbar"
(sichtbar) zu machen. Aber Ergebnisse sind mehr als Daten, sie sind kleine „Botschaften". Versuchen Sie, Ihre Daten im Teil „Ergebnisse" nicht
nur sichtbar zu machen, sondern sie zum Sprechen zu bringen.

Wenn Sie mitteilen, dass eine bestimmte physiologische Variable

B 11-2 a ... bei 35 untersuchten Hochleistungssportlern (78 ± 4) Einheiten betrug,
bei 20 Probanden einer Kontrollgruppe (69 ± 3) ...

so haben Sie vorher eine Menge Zahlen gewonnen, diese in bestimmter
Weise verdichtet und daraus dann Ihre Mitteilung gebildet. Aber diese Mit-
teilung „lebt" nicht, sie spricht nicht zum Leser oder überlässt es dem
Leser, sich sein Teil dazu zu denken. Anders jetzt:

b ... Die mittlere X-Größe war bei 35 Hochleistungssportlern signifikant höher
– um ca. 11 % – als bei 20 Probanden einer Kontrollgruppe, nämlich
(78 ± 4) X-Einheiten vs. (69 ± 3) X-Einheiten (Standardabweichung
$p < 0,02$)...

(Dies ist ein Ergebnis! Als Überbringer der Nachricht können Sie sich in
der Diskussion über Ursachen, Bedeutung und mögliche Folgen verbreiten, aber zunächst ist das Wichtigste über diese Messreihe gesagt.)

Reihenfolge der Große Schwierigkeiten beim Abfassen von Prüfungsarbeiten bereitet oft
Darstellung die Ordnung des Stoffes: In welcher Reihenfolge soll man berichten? Wir
wollen dazu noch etwas konkreter werden als in unseren bisherigen Anmerkungen zum Thema Gliederung:

– Trennen Sie deutlich voneinander ab (durch Bildung von Kapiteln oder Abschnitten), was sich trennen lässt, z. B. Fragenkomplex I von Fragenkomplex II, Synthetisches von Analytischem, Messung von Rechnung;

– ordnen Sie Gleichwertiges möglichst schlüssig innerhalb der Arbeit in immer der gleichen Weise, z. B. von einfach zu schwierig, von klein zu groß oder von wichtig zu weniger wichtig fortschreitend;

– bereiten Sie das Material so auf, wie es sich am besten vermitteln lässt, nicht, wie es bei Ihnen angefallen ist;

– entwickeln Sie die Dinge so, wie sie sich auch im Experimentellen Teil behandeln lassen;

– vergessen Sie nie, dass Sie eine „Geschichte" (mit Anfang, Handlung und Happy End) erzählen wollen, dass Sie eine Handlung aus der andern entwickeln und Episoden auf Nebenschauplätzen als solche kennzeichnen oder – weil zu einer anderen Geschichte gehörend – weglassen wollen.

Literaturhinweise Mit Literatur haben Sie bei den „Ergebnissen" kaum zu tun. Die „Ergebnisse" sind der eigenständigste Teil der Prüfungsarbeit, geht es doch nahezu ausschließlich um das „Selbstgemachte". Quellenverweise auf andere Arbeiten braucht man gelegentlich für methodische Hinweise oder Vergleiche. Die Urheber der verwendeten Methoden werden aber eher im Experimentellen Teil genannt.

Das auch im Journalismus gepflegte Prinzip „von wichtig zu weniger wichtig" bewährt sich auch hinsichtlich der inneren Abfolge jedes Abschnitts (mehrerer Absätze) und der Struktur eines jeden Absatzes (mehrerer Sätze), z. B.

B 11-3 Die ^{1}H-NMR-Spektren (CDCl$_3$) von **7a** und **7b** zeigen jeweils ein Singulett für zwei olefinische Protonen bei 6,43 bzw. 6,20 ppm, wobei die Verschiebung beim α-Isomer durch die Wechselwirkung von Ethen- und α-ständiger NH-Gruppe bedingt ist. Eine solche Signalverschiebung lässt sich auch bei X und Y beobachten.[3)] Dipolare Lösungsmittel mindern die intramolekulare Wechselwirkung; so liegt das Olefinsignal von **7a** in d$_6$-DMSO bei 6,27 ppm, von **7b** bei 6,24 ppm.

(Die wichtigste Information liegt im ersten Satz: Hier werden zwei Messergebnisse mitgeteilt und zugeordnet. Der nächste Satz schweift zur Literatur ab, enthält also kein Ergebnis; der gezogene Vergleich ist aber für die Strukturzuordnung wichtig. Im letzten Satz wird dann noch ein eher marginales Ergebnis mitgeteilt, das für die Charakterisierung der Substanzen unerheblich ist.)

Umfangreiches Datenmaterial können Sie in einen Anhang verlegen und nur summarisch oder anhand ausgewählter repräsentativer Werte ansprechen – dies stört den Lesefluss am wenigsten. Es kann also in einem Teil „Ergebnisse" heißen:

B 11-4 … Bereits bei ϑ = 40 °C fällt die Konzentration von X, R = Me, rasch ab und beträgt nach 24 min nur noch 0,015 mol/L (s. auch mittlere Kurve in Abb. 3). Weitere Daten zum zeitlichen Ablauf, auch bei höheren Temperaturen und für X = H, Et, iPr, sind in Anhang A.3 tabelliert …

Auf ungewöhnliche Ergebnisse oder Extremfälle hingegen sollten Sie im Teil „Ergebnisse" hinweisen, da diese in jedem Fall diskutiert werden müssen, z. B.

B 11-5 … die Farbe der überstehenden Lösung war unter XXX-Bedingungen hingegen violett …
… der Gehalt an YY im Blut überstieg nur bei … den Wert ZZ.
… Die Verunreinigungen waren am niedrigsten, wenn als Adsorptionsmittel Aktivkohle im Filter F1 (Abb. 4) eingebaut war; Kalk hingegen zeigte das geringste Rückhaltevermögen …

Zusammengehörende, vergleichbare oder zum Vergleich herausfordernde Ergebnisse stellen Sie zweckmäßig in Tabellen zusammen (s. Einheit 20), z. B.:

B 11-6 … Die Ergebnisse mit XX- und YY-Füllungen bei verschiedenen … sind in Tab. 5-7 zusammengefasst …

Funktionale Zusammenhänge lassen sich mit Diagrammen veranschaulichen (s. Einheit 21.3), in denen die Messpunkte und ihre Fehlerbreite eingetragen sind. (Viele Hochschullehrer legen Wert darauf, dass die Messwerte selbst – worauf man bei einer Publikation verzichten müsste – zusätzlich, z. B. im Anhang, einzeln aufgeführt werden.) Den Verlauf der Kurven werden Sie erst anschließend in der „Diskussion" kommentieren und bewerten.

Abgrenzung Wie wir schon sagten, bleiben Deutung und Gewichtung der Befunde dem Teil „Diskussion" vorbehalten. Die Abgrenzung ist nicht immer einfach! Maßstab dafür, was in die „Ergebnisse" gehört und was nicht, kann der Leser Ihrer Prüfungsarbeit sein. Denken Sie dabei nicht so sehr an Prüfer und Gutachter, sondern an spätere Mitarbeiter des Arbeitskreises oder andere, die bestimmte Aussagen in Ihrer Arbeit suchen.

Gliederung Der Teil „Ergebnisse" bedarf immer der Gliederung. Gliederungspunkte einer chemischen Untersuchung können beispielsweise sein:

B 11-7 …
2   Ergebnisse
2.1   Bereitstellung von Ausgangsmaterialien
2.1.1   X-Stoff
            Synthese
            Charakterisierung
2.1.2   Y-Stoff
…

[Die der Synthese und Charakterisierung von X gewidmeten Abschnitte sind hier unbenummert geblieben, um 4-stellige Abschnittsnummern (2.1.1.1, 2.1.1.2) zu vermeiden. Dies ist eine allgemein anwendbare Methode bei der Stellengliederung.]

Ob dabei unter methodischen oder unter ergebnis- (oder produkt-)orientierten Gesichtspunkten gegliedert wird, ist im Einzelfall zu entscheiden.

Zwischenberichte

Insgesamt dürfte dieser Teil Ihrer Prüfungsarbeit nicht allzu schwer zu bewältigen sein – besonders dann nicht, wenn Sie während der Untersuchungen regelmäßig Zwischenberichte (s. Einheit 3) angefertigt haben. Im günstigen Falle lassen sich die „Ergebnisse" (wie auch Bestandteile des „Experimentellen Teils") mit geringem Aufwand aus Zwischenberichten zusammenstellen.

Imperfekt, Präsens

Ergebnisse sind von zweierlei Natur, und darauf soll auch die Sprachform Rücksicht nehmen. Zum einen haftet dem Teil „Ergebnisse" noch das Protokollarische des „Experimentellen Teils" an; hier ist das Imperfekt der Verben die angemessene Form, vgl. B 11-2 a, b. Zum anderen sind Sie als Verfasser jetzt dabei, das über das einmalige (vergangene) Ereignis hinaus Gültige herauszuarbeiten, und dazu bedarf es des Präsens wie in B 11-3. Hierzu einige typische Wendungen:

B 11-8

… sind ungleich dick.
… an diesen Bereich schließt sich … an.
… zeigt eine davon abweichende Form.

Das „protokollierende" Imperfekt wird durch das „konstatierende" Präsens dann ersetzt, wenn es um die Beschreibung von – beobachteten oder ermittelten – Eigenschaften geht. Eigenschaften *sind*, Ereignisse *waren*.

Auch wenn Sie Befunde, Messwerte usw. zu Abbildungen und Tabellen verdichten, werden Sie sich darauf im Präsens beziehen:

B 11-9

… Der Kurvenverlauf ist ähnlich wie …
… zeichnet sich durch folgende Besonderheiten aus: …
… hat ein Maximum bei …

Vor allem wird das Präsens in Wendungen wie (vgl. auch B 11-6)

B 11-10

… können durch Gleichung (3) wiedergegeben werden …
… zeigt Abb. Y …

benötigt. Hier geht es weder um das Ereignis von damals noch um die zeitlose Eigenschaft, sondern um die Darstellung von heute.

Insgesamt muss es Ihr Bemühen sein, dem Leser den Sinn Ihrer Maßnahmen deutlich zu machen und ihn nicht einfach mit Fakten zu überschütten. Nennen Sie immer wieder den Zweck! Schreiben Sie nicht

B 11-11 a   ... in einer weiteren Serie wurde X unter Y-Bedingungen wiederholt.

    sondern

b   ... um ... zu zeigen (auszuschließen, sicherzustellen, ...), wurde X unter Y-Bedingungen wiederholt.

Ü 11-1   Was bringt es, in der Prüfungsarbeit für die Mitteilung der Ergebnisse und deren Diskussion je eigene Kapitel vorzusehen?

Ü 11-2   Gehören die folgenden Bestandteile einer Prüfungsarbeit zum Teil „Ergebnisse"?

Röntgenaufnahme eines Kristalls, Foto einer Hautveränderung, abgelesener pH-Wert, berechnetes Potential, Befunde aus einem anderen Arbeitskreis, Zeichnung der Messapparatur, Kurvendiagramme, Interpretation eines Messpunktes.

Ü 11-3   Nennen Sie typische Bestandteile eines Teils „Ergebnisse" aus Ihrem Arbeitsgebiet.

Ü 11-4   Wann verwenden Sie im Teil „Ergebnisse" das Imperfekt, wann das Präsens? Geben Sie Beispiele an.

Ü 11-5   Kennzeichnen Sie diejenigen Stellen in den folgenden Textstücken, die Aussagen im Sinne von „Ergebnisse", „Diskussion" (s. Einheit 12) und „Experimenteller Teil" (s. Einheit 14) sind.

Eine Lösung von 31,5 mg **2** in 5 mL Aceton wurde zur Überprüfung des Reaktionsverlaufes UV-spektroskopisch vermessen [λ_{max} = 280 nm, ε = 0,0045 L/(mol·cm)]. **1a** bildete sich in hoher Ausbeute (> 90 %), wenn die Umsetzung in Aceton oder Ether durchgeführt wurde. In Trichlormethan oder Tetrachlorkohlenstoff hingegen blieben die Ausbeuten an **1a** unter 20 %, während vorwiegend **1b** gebildet wurde. Dies bestätigt die Untersuchungen von MEYER et al. [13], die **3a** und **3b** mit R = ZZZ in unpolaren Lösungsmitteln herstellten ...

Ü 11-6   Welches innere Ordnungsprinzip erkennen Sie in dem nachfolgenden Text? Ist der Text informativ?

Die Anilide **10** und **13** zeigten im X-Screening an der Maus bei 200 mg/kg deutlich zentraldämpfende Eigenschaften, wobei **13** stärker wirksam war als **10**. Im Y-Test[8)] wurde für **13** ein ED_{50}-Wert von 64 mg/kg ermittelt. Beim Derivat **12** (a und b) wurden neben einer serotoninantagonistischen Wirkung eine Blutdrucksenkung beobachtet, die wahrscheinlich durch Beeinflussung des Z-Systems verursacht wird.

12 Diskussion

- Im Anschluss an die „Ergebnisse" erläutern wir in dieser Einheit den wohl wichtigsten Teil Ihrer Prüfungsarbeit, „Diskussion".

- Beim Bearbeiten werden Sie ein Bewusstsein dafür gewinnen, welche Aussagen hierher gehören (und welche nicht) und welche Struktur Sie diesem wichtigen Teil der Abhandlung geben können.

F 12-1   Worin unterscheiden sich die Teile „Ergebnisse" und „Diskussion"?

F 12-2   Dürfen die den Teilen „Ergebnisse" und „Diskussion" zuzuordnenden Informationen vermischt werden?

F 12-3   Sind Ausblicke und Schlussfolgerungen typische Bestandteile einer Diskussion?

F 12-4   Muss in einer Bachelor-, Master- oder Doktorarbeit eine Überschrift „Diskussion" vorkommen?

F 12-5   In welchem Tempus ist die „Diskussion" abzufassen: im Präsens, im Imperfekt oder Perfekt?

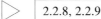 2.2.8, 2.2.9

Hauptteil   Die „Diskussion" ist das Herz einer jeden Prüfungsarbeit. Sie bildet zusammen mit „Einleitung", „Ergebnisse" und „Experimentelles" den Hauptteil der Abhandlung. Hier wird offenbar, wie gut ihr Verfasser in Zusammenhängen denken und argumentieren kann.

Ziel   Die „Diskussion" ist Bewertung. Sie gibt letztlich die Antwort auf die zu Beginn der Arbeit gestellte Frage. In der „Diskussion" sollen die gewonnenen Ergebnisse (s. Einheit 11) analysiert und mit Bekanntem verglichen werden. Von anderer Seite Publiziertes und Eigenes werden zu einem neuen Bild des Wissens zusammengefügt.

Beiträge Dritter   Dabei sollten Ihre eigenen Beiträge deutlich erkennbar bleiben. Am besten erreichen Sie dies folgendermaßen: Die Ergebnisse anderer sollen so konsequent durch Nennung der Quellen belegt werden, dass jedes nicht belegte Ergebnis zwangsläufig ein eigenes sein muss. Beispielsweise enthält

B 12-1   … aus den bisherigen IR- [7-13], Raman- [8,12,14] und NMR-spektroskopischen [15-17] Untersuchungen muss man ableiten, dass die in [3,18] publizierten Daten …

offensichtlich keine eigenen (Mess-)Ergebnisse (sofern Sie sich nicht selbst mit früheren Arbeiten zitiert haben, was in einer Prüfungsarbeit ungewöhnlich wäre), aber den Ansatz für eine eigene Folgerung. Hingegen sind in

B 12-2   … die breite Absorption bei 1640 cm^{-1} (s. Abb. 3-7) kann weder der C=O-Valenzschwingung von X(H)C=O (X = CH_3: 1225 cm^{-1} [21]; X = C_6H_5: 1234 cm^{-1}, eigene Messungen) noch der Gerüstschwingung (sie liegt für **2** bei 1350 cm^{-1}, s. Abb. 3-8) zugeordnet werden.

oder

B 12-3   … Wenn XXX als Reaktionspartner angeboten wurde, veränderte sich die Regioselektivität – im Gegensatz zu den Beobachtungen von Schill und Gorz [34-37] – besonders stark (siehe auch 2. Spalte in Tab. 5) …
… bei … stieg die Spannung am Messfühler 5 (s. Abb. 6) auf 1,54 mV an …
… Alle drei untersuchten Arten zeigten sowohl im oberen als auch im mittleren Bereich … eine hohe Neuronendichte (s. Abb. 17 a, b, c) …

die eigenen Befunde des Verfassers der Prüfungsarbeit zweifelsfrei zu erkennen.

Unterlassung einer Literaturangabe lässt den Verdacht der unrechtmäßigen Aneignung aufkommen. Durch Formulierungen wie

B 12-4 a   … im Gegensatz dazu zeigt die vorliegende Arbeit, dass …
… hingegen bestätigen die eigenen Messungen, dass …

oder besser (s. Einheit 4)

b   … , wie die vorliegende Arbeit im Gegensatz dazu zeigt, …
… , wie die eigenen Messungen bestätigen, …

kann für zusätzliche Klarheit gesorgt werden.

Sprechen Sie die Ergebnisse, die Sie diskutieren, noch einmal konkret an – wiederholen Sie! Sie können nicht davon ausgehen, dass der Leser alle vorher mitgeteilten Ergebnisse noch im Kopf hat (vielleicht hat er den betreffenden Teil gar nicht gelesen). Sorgen Sie also dafür, dass man Ihren Ausführungen folgen kann.

Logik vs. Chronologie   Arbeiten Sie heraus, was Sie erreicht haben und was nicht, und vergleichen Sie mit der ursprünglichen Zielsetzung der Arbeit. Dabei sollten Sie sich bewusst von der Chronologie der experimentellen Arbeit lösen. Jede Experimentalarbeit ist eine Fahrt ins Ungewisse, mit Umwegen und Sackgassen. Eine Dissertation ist – wie auch die anderen experimentellen Prüfungsarbeiten – nicht so sehr Rechenschaftsbericht als vielmehr die Bekanntgabe neuer Einsichten oder die Verkündung einer These (im Englischen heißt die Dissertation "thesis") in einer logischen Abfolge. Wie die Ergebnisse erzielt wurden, mag für die Beurteilung des Kandidaten eine gewisse Rolle spielen; ansonsten interessiert das nur, wenn die näheren Umstände der Ergebnisfindung methodisch relevant sind.

„Geschichte"

Denken Sie daran, dass Sie in der „Einleitung" (s. Einheit 10) eine Frage gestellt haben, die am Anfang Ihrer Geschichte steht. *Was* Sie gefunden haben, um die gestellte Frage beantworten zu können, war im Teil „Ergebnisse" nachzulesen. *Wie* Sie das Ganze beurteilen und im Vergleich mit bis dahin Bekanntem bewerten – letztlich, wie Ihre Antwort lautet –, erfährt der Leser jetzt in der die „Story" abschließenden „Diskussion".

Anfang

Der Anfang der Diskussion gehört zu den Stellen der Prüfungsarbeit, die bevorzugt Interesse auf sich ziehen. Es empfiehlt sich daher, sogleich mit den wichtigsten Aussagen zu beginnen – im ersten Absatz. (Ähnlich gehen auch die Redakteure von Zeitungen vor: Unter einer Überschrift bieten sie zunächst eine Kernaussage an, damit der Leser sofort entscheiden kann, ob er an der Angelegenheit interessiert ist.) Dort darf die entscheidende Antwort auf die zentrale Frage stehen: Geht das, oder geht das nicht? Wirkt das, oder wirkt das nicht? Dabei empfiehlt es sich, die Worte aus der Einleitung wieder aufzugreifen.

B 12-5 a

(Einleitung:) Es sollte daher geprüft werden, ob sich die Enantiomerenverhältnisse der Bestandteile des Pfefferminzöls chromatografisch ermitteln lassen.

b

(Diskussion:) Wie die Ergebnisse der chromatografischen Trennung mit Cyclodextrin-belegten Kapillarsäulen zeigen, ist eine weitgehende Enantiomerentrennung der Bestandteile des Pfefferminzöls möglich.

Wenn die Fragestellung vielschichtig war oder wenn Sie mehrere Fragenkomplexe bearbeitet haben, können Sie auch an mehreren Stellen – z. B. nach entsprechenden Überschriften – so verfahren.

Eine Antwort – viele Antworten

Die in B 12-5 b enthaltene Aussage lässt sich dann in den folgenden Sätzen und Absätzen weiter „auffächern". Als Verfasser werden Sie beispielsweise – mit Verweis auf Tabellen und Diagramme – darauf hinweisen wollen, dass die Trennung nur mit sehr engen Säulen (0,18 mm Innendurchmesser) und nur unterhalb bestimmter Temperaturen gelang, und dass sich von den geprüften stationären Phasen nur Cyclodextrin bewährte. Außerdem wollen Sie natürlich die (unterschiedlichen) Trennergebnisse der einzelnen Komponenten (wie Menthon, Isomenthon, Menthol) jeweils gesondert kommentieren.

Erläuterung

Sodann wollen Sie möglicherweise die einzelnen Befunde, z. B. den Temperatureinfluss und das Versagen der neuen Trennmethode mit anderen

Belegmaterialien und bei Säulentemperaturen > 250 °C, kommentieren und erläutern. Solange Sie daraus keine neue Theorie des Übergangszustandes in der Reaktionskinetik entwickeln – also zu weit „ausufern" –, ist das in Ordnung.

Bewertung   In der „Diskussion" können Sie ggf. Methoden und die eigentlichen Ergebnisse getrennt analysieren, und jeden dieser Bereiche können Sie weiter untergliedern. Bei einer methodenorientierten Arbeit wird es vor allem darauf ankommen, die neue Vorgehensweise – ihre Leistungen und Begrenzungen – mit (literaturbekannten) anderen zu vergleichen. Worin bestehen die Vorzüge? Warum ist die Methode einfacher, schneller, verlässlicher, allgemeiner anwendbar, spezifischer? Braucht sie weniger Material oder Untersuchungsgut? Hat sie weniger unerwünschte Nebenwirkungen?

Nachteile und   Auch Nachteile müssen erwähnt werden. Oft kann man den Wert einer
Grenzen   Methode erst richtig einschätzen, wenn man ihre Grenzen kennt. Es kann das Ziel Ihrer Untersuchungen gewesen sein, solche Grenzen aufzuzeigen. Möglicherweise ging es – z. B. im klinischen Bereich – gar nicht darum, eine neue Methode zu entwickeln, sondern darum, die Frage der Übertragbarkeit einer bereits bekannten zu prüfen. Lässt sich, so konnte die Fragestellung gelautet haben, die X-Methode auf die Y-Situation übertragen? Vielleicht hatte Ihre Untersuchung den Charakter eines Pilotprojekts mit dem Ziel herauszufinden, ob oder unter welchen Umständen sich ein bestimmtes Verfahren in der Umgebung des Arbeitskreises (z. B. an der eigenen Klinik) etablieren lässt.

Statistik   Unterziehen Sie Ihre Ergebnisse der statistischen Bewertung. Begründen Sie, weshalb (Ihnen) der Umfang der Stichprobe ausreichend erscheint, oder weshalb Sie sich mit einem Vertrauensbereich von 95 % zufrieden gegeben haben.

Gültigkeitsbereich   Eine charakteristische Eigenschaft jeder analytischen Methode ist ihre Nachweisgrenze. Arbeiten Sie diese und andere Charakteristika wie Störanfälligkeit oder Probenbedarf heraus. Ganz allgemein gilt es, den Gültigkeitsbereich von Aussagen aufzuzeigen. Im Beispiel oben (B 12-5) gab es neben der Temperatur eine Einschränkung darin, dass die Trennung nur mit modifizierten Cyclodextrin-Phasen gelang.

Signifikanz   War Ihre Untersuchung eher ergebnisorientiert – z. B. „Reagiert A mit B?", „Lässt sich X durch Y beeinflussen?" –, so werden Sie ebenfalls um Bewertungen nicht umhin kommen. Wie signifikant waren die Beobachtungen? Nennen Sie noch einmal Voraussetzungen und Rahmenbedingungen. Stellen Sie heraus, was Sie *nicht* untersucht haben, worüber Sie also keine verlässliche Aussage machen können. Eine Prüfungsarbeit ist keine Patentanmeldung: beansprucht wird nur, was man wirklich gemacht hat. (Patentanmelder nehmen es damit manchmal nicht so genau.)

Abbildungen und Tabellen Ergebnisse sind oft in Tabellen und Abbildungen enthalten. Beziehen Sie diese Sonderteile in die Diskussion ein, auch wenn Sie dazu auf den Teil „Ergebnisse" zurückgreifen müssen. Hieß es dort z. B.

B 12-6 a … die Ergebnisse dieser Messreihe sind in Tab. X zusammengestellt.
… zeigen den in Abb. Y dargestellten Verlauf.
… ist im Bereich $2 \cdot 10^{-4}$ mol/L bis $8 \cdot 10^{-2}$ mol/L linear (Abb. Z).

so treten jetzt Bewertungen hinzu, z. B.

b … ist die Schulter bei 270 nm (Abb. 2, Kurve I) auf kleine Mengen an A zurückzuführen (Anteil ca. 5 %, s. auch Gaschromatogramm Abb. 3).

„Wegweiser" Erinnern Sie sich an dieser Stelle an die „Kurvendiskussion" im Mathematikunterricht (Maximum, Minimum, Wendepunkt usw.). Machen Sie auf das, was Ihnen wichtig scheint, aufmerksam. In diesem Sinne ist die „Diskussion" Wegweiser, Führer zu den Sehenswürdigkeiten Ihrer Arbeit.

Tabellen Helfen Sie, Daten in Tabellen „lesbar" zu machen, z. B. durch Hinweise wie

B 12-7 … lassen die Werte in den Spalten 2 und 7 von Tabelle X keinerlei Kohärenz erkennen.
… besonders auffällt (Tabelle Y, 3. Zeile).

Hypothesen Viele Beobachtungen müssen erklärt werden. Was ist die Ursache für dieses, wie kommt jenes zustande? Die Erklärung besteht oft in der Annahme eines Mechanismus (in der Chemie: Reaktionsmechanismus) oder eines Modells, aus dem sich die Befunde ableiten lassen. Vielen Erklärungen dieser Art haftet etwas Hypothetisches an, „beweisen" lässt sich die Gültigkeit des angenommenen Mechanismus oder die Anwendbarkeit des gewählten Modells oft nur schwer oder überhaupt nicht. Wenn mehrere Erklärungen infrage kommen, stellen Sie alle vor – wägen Sie ab! Wenn mehrere Modelle Ihre Befunde verständlich machen, geben Sie diese an und begründen Sie, warum Sie ein bestimmtes Modell bevorzugen. Hat eine andere Seite für ähnlich lautende Ergebnisse eine abweichende Erklärung, so setzen Sie sich auch damit auseinander.

Abweichungen Wenn es abweichende Befunde oder Deutungen in der Literatur gibt, müssen Sie darauf eingehen. Spielen Sie sich dabei nicht als Richter auf! Versuchen Sie lieber, den möglichen Gründen nachzugehen oder These gegen These zu halten, damit sich der Leser selbst ein Bild machen kann. Die vermeintliche Diskrepanz löst sich bei näherem Hinsehen, z. B. durch Vergleich des Untersuchungsguts oder der Messbedingungen, vielleicht in Wohlgefallen auf oder kehrt sich gar in eine zum Bild passende Ergänzung oder Bestätigung. Überheblichkeit ist nie ein schönes Attribut, und in einer Prüfungsarbeit ist sie am wenigsten angebracht.

Ausblick   Gegen Schluss der Diskussion dürfen Sie sich den Mut nehmen, weitere Versuche vorzuschlagen, die zur Entscheidung zwischen konkurrierenden Erklärungsansätzen, zu einer Erweiterung Ihrer Methode oder zur Abrundung Ihrer Befunde führen könnten. Werden Sie konkret! Statt der vagen – und in dieser Form trivialen – Aussage

B 12-8 a   ... bedarf der weiteren Untersuchung

können Sie beispielsweise anbieten:

b   ... sollte unter X-Bedingungen geprüft werden.
... ließe sich durch ... entscheiden.
... wünschenswert, auf ... auszudehnen.
... interessant festzustellen, ob auch ... gilt.
... wenn der Nachweis gelänge, dass ...

Im Bereich der Hypothesen können Sie Experimente vorschlagen, durch die die eine oder andere Annahme als richtig (oder jedenfalls mit den Befunden verträglich) oder falsch dargetan werden kann. (Solche Aussagen können auch in die „Schlussfolgerungen" einbezogen werden; s. Einheit 13.)

Gliederung der „Diskussion"   Die „Diskussion" muss in aller Regel, da sie sich über viele Seiten hinstrecken wird, unterteilt werden. Hinweise für die Gliederung haben wir schon in den Einheiten 3 und 8 gegeben. Ein allgemein anwendbares Rezept dafür gibt es nicht, zu unterschiedlich nach Art und Umfang sind die zu bearbeitenden Themen. Je nachdem, welches Material vorliegt, sind Anpassungen in weitem Rahmen möglich und oft erforderlich. Ein Prinzip lautet: Am leichtesten tun sich Verfasser und Leser, wenn die „Diskussion" ähnlich strukturiert ist wie der Teil „Ergebnisse".

Standardaufbau?   Die Freiheit bei der Stoffgliederung kann so weit gehen, dass der Gliederungspunkt „Diskussion" selbst in Frage gestellt wird. Beispielsweise könnte es in einer theoretisch ausgerichteten Arbeit wenig Sinn machen, „Ergebnisse" getrennt vorzustellen. Dann bedarf es auch keiner eigenen Überschrift „Diskussion". Vielmehr werden sich theoretische Ansätze, Modellbildung, mathematische Ableitung und ggf. instrumentelle Überprüfung gegenseitig durchdringen; Sie können dann auf den Ergebnisse-Diskussion-Formalismus verzichten. In der Physik wird der „Standardaufbau" (s. S. 46) tatsächlich oft aufgegeben. Selbst in einer Experimentalarbeit kann es wünschenswert sein, die Ergebnisse in einem Zug vorzustellen *und* zu diskutieren. Prüfen Sie, ob die Regularien Ihres Fachbereichs es zulassen, so vorzugehen, und ob der Betreuer Ihrer Arbeit damit einverstanden ist.

Eine Erinnerung Aber denken Sie daran: „Ergebnisse" sind Tatsachen, „Diskussion" hat
eher mit Meinungen zu tun – beides sollten Sie nicht durcheinanderwerfen. Als Verfasser erleichtern Sie sich die Aufgabe nicht, wenn Sie auf
die klare Trennung verzichten.

Bedeutung Schließlich werden Sie in der „Diskussion" Ihre Ergebnisse ins rechte Licht
rücken wollen, indem Sie – wie vielleicht auch in der Zusammenfassung
geschehen – auf die Neuartigkeit und Bedeutung der Ergebnisse zu sprechen kommen. Um zum Pfefferminzöl (B 12-5) zurückzukehren: Sie könnten darauf hinweisen, dass man nunmehr ein wirksames Mittel an der Hand
hat, Produkte natürlicher Herkunft von synthetischen zu unterscheiden, und
dass die Übertragung des Analyseverfahrens in den präparativen Maßstab
einen Zugang zu den als Duftstoffe wertvolleren reinen Enantiomeren eröffnen könnte (s. auch Einheit 13).

Neuartigkeit Etwas problematisch ist es mit der Neuartigkeit. Der Glaube, dass dieses
oder jenes „erstmals" nachgewiesen wurde, kann schon beim Korreferenten enden. (Dann wird es schwierig, auch für den Betreuer der Arbeit.)
Schwächen Sie Ihre diesbezüglichen Aussagen lieber ab:

B 12-9 … konnte in dieser Form bislang nicht verwirklicht werden.
… scheint damit erstmals eindeutig belegt zu sein.
… war nach meiner Kenntnis bisher nie gelungen.
… ist in der mir zugänglichen Literatur noch nicht beschrieben worden.

[Die Relativierungen in den letzten beiden Sätzen enthalten, an dieser Stelle fast unvermeidlich, die Ich-Form.]

Tempus Damit ist ein anderer Punkt berührt, die Sprachform. Als Tempus wird man
in der „Diskussion" dem Präsens den Vorzug geben – man stellt fest und
wägt ab, was *ist* und was nicht; man beurteilt und bewertet, z. B.

B 12-10 a … führt zu einem sigmoiden Kurvenverlauf (Abb. X) …
… ist niedriger als in der Kontrollgruppe (Tab. Y) …
… schwankt signifikant mit …
… also wird ..
… reagiert (bildet sich, zersetzt sich) …

Imperfekt ist nur dann erforderlich, wenn auf zurückliegende Handlungen
Bezug genommen wird, z. B.

b … es gelang nicht, …
… ließ sich umgehen, indem …
… es war also auszuschließen, dass …
… Bei Wiederholung unter Y-Bedingungen wurde …

Bei der Gelegenheit sei daran erinnert, dass im Deutschen über Vergangenes im Imperfekt berichtet wird (nicht: „ich habe das und das gemacht",
sondern „ich machte"). Das Perfekt tritt nur dann ein, wenn die Handlung
in die Gegenwart hineinreicht (z. B. „Der Mai ist gekommen"), wie in

c   ... Damit ist es erstmals gelungen, ...
... wodurch alle bisherigen Deutungsversuche gegenstandslos geworden
sind.

Ich Von wenigen Ausnahmen abgesehen, empfehlen wir, die Ich-Form zu vermeiden. (Am ehesten gehört sie in Vorwörter und Danksagungen, s. auch
B 12-9). Selbst wo Ihre persönliche Beurteilung der Ergebnisse nicht gänzlich ausgeklammert werden kann, wählen Sie vorzugsweise Formulierungen, die die erhoffte Verbindlichkeit der Aussagen zum Ausdruck
bringen. Statt

B 12-11 a   ... führe ich darauf zurück ...
... ist nach meiner Meinung ...

werden Sie eher sagen:

b ... Somit ergibt sich ...
... kann folglich (offenbar, keinesfalls) ...
... darf damit als ausgeschlossen (widerlegt, bestätigt) gelten ...
... erweist sich also ...
... Offensichtlich bewirkt ...
... Demgegenüber gilt ...
... lassen sich demnach ...
... Man darf (muss) also annehmen, dass ...
... kann darauf zurückgeführt werden, dass ...
... kann also (nicht) ...
... Einschränkend muss festgehalten werden, dass ...

Es interessiert nicht, was Sie denken, sondern was für Sie die ausschlag-
gebenden Argumente sind. Tragen Sie die Argumentation so vor, dass sich
andere ihr anschließen können. Dazu brauchen Sie weder an den Leser zu
appellieren noch sich selbst einzubringen.

Wir Es gibt viele Möglichkeiten anzudeuten, für wie gemeingültig oder weit-
reichend Sie Ihre Ergebnisse halten. Überhaupt nicht zur Verfügung steht
dafür in einer Prüfungsarbeit die Pluralform der 1. Person: „wir" würde
hier nicht nur seltsam wirken, es könnte auch kritische Fragen auslösen.
(In einer Publikation mehrerer Personen gibt es dieses Problem nicht.)

Ü 12-1 Was charakterisiert den Teil „Diskussion" einer Prüfungsarbeit? Worin
unterscheiden sich die Teile „Ergebnisse" und „Diskussion" (s. auch
Ü 11-1)?

Ü 12-2 Wie können Sie die Beschreibung eigener Ergebnisse von der anderer Wissenschaftler abgrenzen?

Ü 12-3 Wann verwenden Sie in der Diskussion das Präsens, wann das Imperfekt
(s. auch F 11-4)? Nennen Sie Beispiele.

Ü 12-4 Nennen Sie einige Ziele der Diskussion.

13 Schlussfolgerungen

- Diese Einheit erläutert den Stellenwert von „Schlussfolgerungen".
- Nach Durchsicht werden Sie sich ein Urteil darüber bilden können, ob Ihre Arbeit eines gesonderten Teils „Schlussfolgerungen" bedarf und wie dieser auszusehen hätte.

F 13-1 Ist ein Abschnitt „Schlussfolgerungen" ein typischer Bestandteil einer Prüfungsarbeit?

F 13-2 Dürfen Spekulationen in diesem Teil einer Examensarbeit vorkommen?

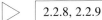 2.2.8, 2.2.9

Fazit Oft werden weitergehende Konsequenzen aus den Ergebnissen am Ende längerer Prüfungsarbeiten in einem eigenen Abschnitt „Schlussfolgerungen" (*engl.* conclusions) der „Diskussion" nachgestellt. Die „Schlussfolgerungen" bilden dann – nach Einleitung, Ergebnissen und Diskussion sowie Experimentellem – den Abschluss des Hauptteils der Arbeit und betonen in besonderem Maße das wertende Element. Sie sind das Fazit der ganzen Arbeit. Es genügt nicht, die „Zusammenfassung" – vielleicht mit anderen Worten – abzuschreiben, „Schlussfolgerungen" sind mehr und weniger zugleich: sie sind Überblick, Rück- und Ausblick. Versuchen Sie aber nicht, noch einmal den Inhalt der ganzen Arbeit, die methodischen Ansätze usw. aufzurollen. Manche Fachzeitschriften fordern von ihren Autoren einen eigenen Abschnitt für Schlussfolgerungen, andere sehen die "conclusions" als Teil der "discussion" an. Bei Prüfungsarbeiten ist es ähnlich: Ein eigener Teil „Schlussfolgerungen" ist ein häufiger, aber keineswegs notwendiger Bestandteil der Arbeiten. Eine Aussage darf gewagt werden: Letztlich gibt sich hier der kreative Forscher zu erkennen, der tatsächlich Schlüsse ziehen und daraus Anstöße für neues Tun ableiten kann.

Dazu ein Beispiel. In der „Zusammenfassung" oder auch in der „Diskussion" einer Arbeit könnte stehen:

B 13-1 a   ... X ist – mit Ausbeuten bis 88 % – auf neuer Basis hergestellt worden, nämlich in Wasser/Ethanol statt wie bisher in Benzol ...

Das wäre zunächst die Antwort „Ja" auf die eingangs gestellte Frage, ob eine solche Synthese möglich sei. Die Folgerung könnte lauten:

b   ... Dies ist von großem technischen Interesse, da aus Gründen der Arbeitssicherheit und Umweltfreundlichkeit Wasser/Ethanol als Reaktionsmedium dem Benzol vorzuziehen ist ...

Spekulation   Und eine Spekulation in den „Schlussfolgerungen" könnte sein:

c   ... Vielleicht lässt sich die Ausbeute durch ... noch steigern und der Ethanol-Gehalt noch weiter senken ...

Andere Beispiele für Aussagen, wie sie in „Schlussfolgerungen" stehen können, sind:

B 13-2 a   ... Y ist auf neuem Weg hergestellt worden. Wie die Diskussion gezeigt hat, besteht die Synthese aus einfach durchzuführenden Schritten; Y entsteht praktisch isomerenfrei in Ausbeuten bis 78 %.

b   ... Die Methode könnte daher in die Routineanalytik Eingang finden, da die einzelnen Vorgänge leicht automatisierbar sind.

c   ... Erhöhte Messwerte stellen sich immer nur bei Probanden mit X-Disposition ein. Der offensichtlich bestehende Kausalzusammenhang sollte möglichst rasch aufgeklärt und auf seine diagnostische Nutzbarkeit hin geprüft werden.

d   ... ein Zusatz von 0,2 % Ruthenium hat XXX bewirkt. Aus YYY Gründen könnte mit Rhodium wahrscheinlich eine noch bessere Wirkung erzielt werden.

Die Schlussfolgerungen haben also immer etwas mit Deutung und Gewichtung der Ergebnisse und mit Konsequenzen daraus zu tun. Sie enthalten oft Empfehlungen für neue Untersuchungen auf dem Arbeitsgebiet. Manchmal sind sie gar „Weissagung". Anders ausgedrückt: einschließlich der „Diskussion" war alles eine Geschichte; die „Schlussfolgerungen" sind die „Moral von der Geschichte".

In keinem Fall dürfen „Schlussfolgerungen" Ergebnisse enthalten oder kommentieren, die nicht schon ähnlich vorgetragen („Ergebnisse") oder erörtert („Diskussion") worden sind.

Die „Schlussfolgerungen" sollten weder episch breit noch nichtssagend kurz sein. Hier ist auch der Platz für Ausführungen wie (vgl. Einheit 12 insbesondere unter den Stichworten „Ausblick" und „Bedeutung"):

B 13-3   ... steht zu erwarten, dass ...
... darf folglich mit weiteren Anwendungen gerechnet werden ...
... kann nur die Erfahrung in der Praxis zeigen.

In mancher Hinsicht sind die „Schlussfolgerungen" eine Zusammenfassung der „Diskussion", für den Leser also eine Möglichkeit, in Geist und Inhalt einer Dissertation schnell einzudringen.

Wenn „Schlussfolgerungen" als selbständiger Teil auftreten, dann kann sich die Zusammenfassung auf die Kurzbeschreibung von Zielsetzung, Methoden und Ergebnissen beschränken und sich jeglicher Bewertung enthalten (eine solche Zusammenfassung hat am Anfang der Arbeit zu stehen). Auch wird die „Diskussion" entsprechend kürzer gefasst werden können.

Ü 13-1 Müssen „Schlussfolgerungen" in einem eigenen Abschnitt stehen?

Ü 13-2 An welcher Stelle Ihrer Prüfungsarbeit ordnen Sie einen eigenen Teil „Schlussfolgerungen" ein?

Ü 13-3 Welche Art von Aussagen sollten in einem Abschnitt „Schlussfolgerungen" stehen? Geben Sie einige Beispiele an.

Ü 13-4 Kommentieren und kritisieren Sie die folgenden „Schlussfolgerungen" einer Arbeit:

Zusammenfassend lässt sich festhalten, dass Seren aus alternativen Quellen das Zellwachstum verschiedenster Säugerzellen durchaus besser unterstützen können als fötales Kälberserum (FKS). Da dies nicht für alle Zelllinien gilt, muss der Einsatz alternativer Seren im Einzelfall jeweils geprüft werden. Diese Tierseren sind eine interessante Alternative zum in der Regel teureren FKS.

14 Experimenteller Teil

● Diese Einheit gibt Hinweise auf typische Bestandteile des „Experimentellen Teils" einer natur- oder ingenieurwissenschaftlichen Prüfungsarbeit.

■ Wenn Sie den Stoff dieser Einheit durchgearbeitet haben, werden Sie die Protokolle aus Ihren Laborbüchern sinnvoll umwandeln, Zwischenberichte integrieren und den Experimentellen Teil Ihrer Arbeit gegen andere Teile abgrenzen können.

F 14-1 Welche Einzelheiten müssen im „Experimentellen Teil" aufgeführt werden?

F 14-2 Sollen bei der Bestimmung eines Gehalts nur der errechnete Wert angegeben werden oder auch das direkte Messergebnis, die Kalibrierung usw.?

F 14-3 Welche Angaben über Chemikalien, Apparate, Untersuchungsgut usw. erwartet man im „Experimentellen Teil" Ihrer Prüfungsarbeit?

F 14-4 Welche Art von Aussagen gehört in den „Experimentellen Teil" und nicht in den Teil „Ergebnisse"?

F 14-5 Welche Art von Aussagen gehört in den Teil „Ergebnisse" und nicht in den „Experimentellen Teil"?

F 14-6 Sind Aussagen wie „... die überstehende Lösung wurde nicht weiter untersucht ...", „... auf eine Untersuchung der anderen Nebenprodukte wurde verzichtet ..." typisch für den „Experimentellen Teil" einer Arbeit?

 2.2.10

Bedeutung Die Natur- und Ingenieurwissenschaften sind Experimentalwissenschaften. Daher enthält nahezu jede Arbeit in diesen Fächern einen Experimentellen Teil. In einem eher theoretischen Fach könnte an seine Stelle „Berechnungsmethoden" o. ä. treten. In den deskriptiven Fächern einschließlich der Medizin findet man oft Überschriften wie „Untersuchungsgut und Methodik" oder „Material und Methoden", in den Geo- und Biowissenschaften auch „Feldarbeit".

Der „Experimentelle Teil" gibt Rechenschaft darüber, was unternommen wurde, um die gestellte(n) Frage(n) beantworten zu können.

Die Niederschrift des „Experimentellen Teils" bedeutet vor allem Fleißarbeit. Dennoch darf sie nicht leicht genommen werden, sind es doch gerade die Experimentellen Teile, derenthalben ein Wissenschaftler später noch auf eine Bachelor-, Master- oder Doktorarbeit zurückgreift.

Welche Experimente beschreiben? Beschreiben Sie alle Experimente, die Eingang in den Teil „Ergebnisse" finden sollen, im Einzelnen. Experimente, auf die Sie sich nicht beziehen wollen, brauchen Sie auch nicht zu erwähnen. Jeder Absatz ist das Protokoll eines bestimmten Versuchs, abgeleitet beispielsweise aus einer Seite oder Doppelseite des Laborbuches (s. Einheit 1). Auch zum Teil „Diskussion" besteht eine enge Beziehung. Es geht darum zu zeigen, was getan wurde, um die in der „Diskussion" vorgestellten Antworten auf die eingangs gestellte Frage zu finden.

Nachvollziehbarkeit Beschreiben Sie die Experimente so ausführlich, dass sie von einem Fachmann wiederholt (nachgearbeitet) werden können. Insoweit ist der „Experimentelle Teil" eine Sammlung von „Kochvorschriften", wenngleich die einzelnen Versuchsbeschreibungen nicht wirklich als Vorschriften formuliert werden. Der Sinn ist immer: „Ich habe das und das gemacht; wenn du in gleicher Weise verfährst, wirst du dasselbe feststellen."

Quellen Die Übersichtlichkeit und Vollständigkeit der zuvor gesammelten Unterlagen entscheidet – wie auch bei den „Ergebnissen" – darüber, wie schnell Sie diesen Teil zu Papier bringen können. Neben den Laborbüchern sind hier vor allem frühere Zwischenberichte gefordert.

Gliederung Der „Experimentelle Teil" bedarf keiner starken Strukturierung. Neben z. B.

B 14-1 a
5 Experimenteller Teil
5.1 Ausgangssubstanzen
5.2 Literaturpräparate
5.3 Messtechnik
5.4 Umsetzungen von X
5.4.1 Umsetzung von X mit A
5.4.2 Umsetzung von X mit B
5.4.3 Umsetzung von X mit C
5.4.4 Umsetzung von X mit D
5.5 Versuche zur Optimierung von Z
…

kann man auch

b 5 Experimenteller Teil
   5.1 Ausgangssubstanzen
   5.2 Literaturpräparate
   5.3 Messtechnik
   5.4 Umsetzung von X mit A
   5.5 Umsetzung von X mit B
   5.6 Umsetzung von X mit C
   5.7 Umsetzung von X mit D
   5.8 Versuche zur Optimierung von Z
   ...

gelten lassen. (Damit wurde ein bisschen Logik geopfert, aber eine Gliederungsebene eingespart.) Darüber hinaus können Sie den einzelnen Absätzen Absatztitel voranstellen, die den Gegenstand des Protokolls nennen. Verzichten Sie hierauf, so ist es besonders wichtig, dass das Kennwort im Eröffnungssatz steht (hierauf wurde schon in Einheit 4 hingewiesen), z. B.

B 14-2 a **ACE-Test**: Dansyltriglycin wurde ...

b Zur *Bestimmung der Anti-Faktor-Xa-Wirkung* wurde ...

Serien Serien gleichartiger Experimente können Sie durch einen Prototyp repräsentieren und Abweichungen von diesem ableiten, z. B.:

B 14-3 ... Die Verbindungen vom Typ **3** ließen sich in der gleichen Weise herstellen, wie dies in Abschn. 5.4 für **2a** beschrieben ist (Ausbeuten für **3a** 65%, für **3b** 70 %). Lediglich bei der Herstellung von **3b** wurde die Reaktionszeit auf 5 h erhöht ...

experimentelles Detail Handgriffe und Vorgehensweisen, die zum Gelingen des Versuchs beitragen können, sollten in Ihrer Prüfungsarbeit erwähnt werden (auch wenn sie in Publikationen in Fachzeitschriften keinen Eingang finden werden). Schreiben Sie beispielsweise:

B 14-4 ... wurde mit einem Pinsel aufgebracht ...
   (statt: ... wurde aufgebracht ...)

Bereits publizierte Arbeitsweisen und Verfahren werden nicht beschrieben, auch wenn Sie sie dutzende Male exerziert haben. Es genügt – es sei denn, Sie haben das Verfahren in bedeutsamer Weise modifiziert – ein Hinweis wie:

B 14-5 ... (vgl. [7])
   ... wie bei Meier und Müller (1983) beschrieben.

Rohdaten Besonders bei Bachelor- Master- und Staatsexamensarbeiten empfehlen wir, *alle* Rohdaten in der Arbeit anzugeben, z. B.

B 14-6 ... Verbrauch an NaOH: 3,24 mL (c = 0,1 mol/L; Faktor 1,037) ...
   ... Auswaage (nach dem Trocknen): 277,5 mg ...

abgeleitete Daten Danach werden Sie abgeleitete Daten (Gehalte, Ausbeuten usw.) errechnen – der Betreuer Ihrer Arbeit und andere Leser können später Ihre Rechnungen nachvollziehen.

Berechnungsformeln   In komplizierteren Fällen sollten Sie die zur Umrechnung der ursprünglichen Messdaten verwendeten Formeln angeben:

B 14-7   … Aus dem Ergebnis der potentiometrischen Titration (vgl. [7]) wurde die Konzentration c_t (in mmol/L) an HAMS zur Zeit t (in s) nach

$$c_t = \frac{10 \cdot (f_S \cdot s - f_B \cdot b)}{n} - c_0(OH^-) - X - c_0$$

berechnet. Dabei bedeuten:

s	vorgelegter Überschuss an Säure (in mL)
b	Verbrauch an Lauge (in mL)
f_S, f_B	Konzentration der Säure bzw. Lauge (in mmol/L)
n	entnommene Probenmenge (in mL)
X	Ausgangskonzentration an HAMS (bei allen Versuchen 10 mmol/L)

…

Gelegentlich kann es angebracht sein, ein Beispiel durchzurechnen:

B 14-8   … Beispielsweise errechnet sich für X = 0,02 mol/L aus Gl. (5) Y = 3,81 mL, und damit lässt sich über Gl. (9) Z = 23,58 mL/(s mol) ermitteln.

Abbildungen, Tabellen   Abbildungen und Tabellen kommen in „Experimentellen Teilen" selten vor, ihr angemessener Platz ist bei den „Ergebnissen". Nur bei *vorne* (d.h. vor den Ergebnissen) stehendem „Experimentellen Teil" ergibt sich eine Notwendigkeit, ihn stärker – auch mit Apparateskizzen und Ablaufplänen – zu illustrieren.

Tempus   In welchem Tempus und Modus soll der „Experimentelle Teil" abgefasst werden – Präsens oder Imperfekt, Aktiv oder Passiv? Als Tempus kommt fast nur das Imperfekt in Frage (s. vorstehende Beispiele).

Passiv   Wir haben in Einheit 3 im Zusammenhang mit dem Schreiben von Zwischenberichten von der „Ich"-Form abgeraten. Auch für die Protokolle im „Experimentellen Teil" bleiben wir dabei, Sie können im Prinzip Ihre Zwischenberichte wörtlich übernehmen. Oder wollen Sie statt „…wurde gemessen …" „ich maß" sagen? Abgesehen davon, dass die ständige Verwendung des Pronomens der 1. Person („ich", in Publikationen eher „wir") eintönig wäre, haben die Passivkonstruktionen den Vorteil, dass *Dinge* zu Satzsubjekten werden, die damit an die ihnen gebührende Stelle rücken. Poesie wird an dieser Stelle nicht verlangt. Die vielen unpersönlichen Passivkonstruktionen lassen sich ertragen, vor allem wenn man dafür sorgt, dass nicht gerade jeder Satz nach dem Muster „wurde gemacht" aufgebaut ist. Ausweichsmöglichkeiten gibt es in Wendungen wie:

B 14-9   Es erwies sich als vorteilhaft, … zu geben (teilen, versehen, …).
Dadurch gelang es, …
So ließ sich …

Stil   Der Stil des „Experimentellen Teils" ist schmucklos. Viele Formulierungen liest man so und ähnlich immer wieder, sie sind stehende Wendungen geworden. Der Text ist von Zahlenangaben, Abkürzungen und Beifügungen in Klammern durchsetzt. In Klammern stehen beispielsweise Herkunfts-, Hersteller- und Reinheitsangaben, die der Vollständigkeit halber dazugehören, aber weder eigene Sätze verdienen noch die übrige Aussage ungebührlich unterbrechen sollen. Lesen Sie die „Experimentellen Teile" in einschlägigen Fachzeitschriften bewusst auf Ausdrucksmöglichkeiten durch, um Anregungen für das eigene Formulieren zu finden.

Ü 14-1   Welche Überschriften kommen innerhalb des „Experimentellen Teils" in Frage?

Ü 14-2   Welche Informationen stehen im „Experimentellen Teil"? Welche Experimente müssen dort beschrieben werden?

Ü 14-3   Worin unterscheiden sich Rohdaten von abgeleiteten Daten? Geben Sie Beispiele an. Welche der beiden Datentypen gehören in den „Experimentellen Teil"? In welcher Form können Sie die Umrechnung von Rohdaten in abgeleitete Daten mitteilen?

Ü 14-4   An welchen Stellen sind die folgenden Versuchsbeschreibungen ungenau, fehlerhaft, unzulänglich u. ä. Welche Aussagen gehören eindeutig in den Teil „Diskussion"? Schlagen Sie Verbesserungen vor.

a   **4.3 Desorption von Trichlorethen aus Polystyrol**

Messungen der Desorption können nach verschiedenen Prinzipien durchgeführt werden. Eine Methode besteht darin, den Gewichtsverlust der Probe während der Versuchszeit zu bestimmen. Dazu hängt man den Probekörper in einem Glasgefäß an einer Federwaage auf. Der Gewichtsverlust lässt sich dann während des Versuchs direkt ablesen. Solche Messanordnungen sind bei Crank und Parl[13] und bei Stuart[15] beschrieben.

b   **Herstellung von XXX:** Eine Lösung aus AAA (feuchtigkeitsempfindlich) in 30 mL BBB wird auf 90 °C erwärmt. Nach einiger Zeit fällt ein gelber Niederschlag aus, der abfiltriert und getrocknet wird (Ausbeute: 80 %).

15 Literaturverzeichnis

- Diese Einheit beschreibt, wie Literatur zitiert wird und wie ein Literaturverzeichnis anzulegen ist.

- Sie werden erfahren, dass es mehrere Formen der Verweisung auf die Literatur gibt und auch mehrere Möglichkeiten, Quellen zu nennen und solche Angaben zu einem Verzeichnis zusammenzustellen. Nachdem Sie diese Einheit durchgearbeitet haben, werden Sie die Literatur korrekt in Ihre Arbeit aufnehmen können.

F 15-1   Sind Ihnen zwei Bedeutungen für „Zitieren" bekannt?

F 15-2   Welche Möglichkeiten gibt es, im laufenden Text auf Literaturstellen hinzuweisen?

F 15-3   Was ist eine Zitatnummer?

F 15-4   Was versteht man unter dem Namen-Datum-System?

F 15-5   Können Sie zwei oder mehr Formen von Literaturverzeichnissen nennen?

F 15-6   Was sind nach Ihrer Meinung wichtige Bestandteile von Quellenbelegen?

▷ | 9.1 bis 9.5

Quelle   Sie müssen in Ihrer Prüfungsarbeit eine größere (vielleicht dreistellige) Zahl von „Quellen" angeben: Stellen in der Fachliteratur, in denen Dinge mitgeteilt werden, die für Ihre Untersuchung relevant sind. Vor allem in der „Einleitung" häufen sich die Bezüge auf frühere Publikationen.

Kurzbeleg   Um den Text nicht durch die erforderlichen Quellenbelege unterbrechen zu müssen, gibt man im Text nur knappe Verweise (Kurzbelege).

Zitatnummer   Die kürzeste Form des Kurzbelegs sind Nummern: für jede Literaturstelle eine, durchgängig durch die Arbeit gezählt. Im Literaturverzeichnis am Schluss der Arbeit geben Sie dann an, für welche Literaturstellen oder Quellen die Nummern stehen.

Zitieren, Zitat   Das Sich-Beziehen auf die Literatur, d. h. auf schon Publiziertes, heißt Zitieren. (Damit ist in den Naturwissenschaften und in der Technik meist kein wörtliches Anführen gemeint.) Deshalb heißen die Quellenbelege auch „Zitate", die Nummern Zitatnummern.

Nummernsystem   Es gibt verschiedene Arten, die Zitatnummern im Text unterzubringen. Meist werden die Zahlen hochgestellt oder auch in eckigen oder runden Klammern auf die Zeile geschrieben. Dafür suchen Sie sich die Stelle aus, die Sie mit dem Zitat belegen wollen, z. B.

B 15-1   ... wie im Falle von AAA,[4] BBB[5,6] und CCC[7-10] nachgewiesen worden ist.
... steht im Gegensatz zu früheren Befunden.[3-11]
... vollkommen im Einklang mit den früheren Beobachtungen [14, 15].
... wie auch für XX [9] und YY [10] beschrieben ...

[Hochgestellte Zahlen nach dem Nummernsystem werden ohne Leerschritt unmittelbar angeschlossen; in Bezug auf Satzzeichen werden sie genauso platziert wie Fußnotenzeichen (s. Einheit 17).]

Autorennamen   Sie können auch den Namen des Autors nennen, dem eine bestimmte Aussage zugeschrieben wird:

B 15-2   ... wie schon Meier [6] zeigte ...
... von Schulze und Förster [7] zu ZZ bestimmt.

Zitieren Sie nie nur einen Autor, wenn dieser Autor die Arbeit nicht allein veröffentlicht hat.

Namen-Datum-System   Manche Autoren – und manche Fachzeitschriften – bevorzugen die Nennung von Autorennamen im Text generell. Wenn man noch die Jahreszahlen der jeweiligen Veröffentlichungen hinzufügt, sind die Quellen bereits gekennzeichnet, so dass man auf Zitatnummern verzichten kann. Das folgende sind Beispiele für Zitierungen nach dem sog. Namen-Datum-System:

B 15-3   ... Meier (1988) und Müller (1991) berichten, dass ...
... ist ... größer (Martin 1985, S. 132) und ...
... vermutet wird (Miller und Jyng 1992), sind ...

Im Gegensatz zu den hochgestellten Zitatnummern stehen Klammerausdrücke dieser Art – wie auch die auf der Zeile stehenden eingeklammerten Nummern in den Beispielen oben – stets *vor* Komma, Punkt oder anderen Satzzeichen. Schreiben Sie mit Leerschritt vor und nach den Klammern, schließen Sie aber Satzzeichen unmittelbar an. (Nur der Gedankenstrich wird abgesetzt.)

Literaturverzeichnis   In den Literaturverzeichnissen beginnt man gewöhnlich für jedes Zitat mit einer neuen Zeile. Der Quellenbeleg nimmt oft mehr als eine Zeile in Anspruch – hier schreiben Sie (wie auch bei Tabellen und Abbildungsunterschriften) engzeiliger als im Haupttext. Zwischen die einzelnen Zitate können Sie beispielsweise eine halbe oder ganze Leerzeile legen, um das

Verzeichnis übersichtlicher zu machen. Richten Sie sich nach bestehenden Richtlinien.

Literaturverzeichnis
im Nummernsystem

Am Zeilenanfang steht die Zitatnummer, üblicherweise wieder hochgestellt und/oder in Klammern wie im Text. Nach ein paar Leerzeichen schließt sich die Quellenangabe an, z.B.

B 15-4 a

...
[5] Kleine-Natrop HE. Derm Mschr. 1974; 160: 882.
[6] Devitt H, Clark MA, Marks R. Anal Biochem. 1978; 84: 315-318.
[7] Gloor M. Immobilized pH gradients. Amsterdam: Elsevier; 1990.
...

b

...
[12] Steinfeld JH. Urban Air Pollution: State of the Science. Science. 1972;
     243: 745.
[13] Pohle H. Chemische Industrie: Umweltschutz, Arbeitsschutz, Anlagen-
     sicherheit. Weinheim: VCH; 1991.
[14] Bartels K. Abfallrecht. Köln: Deutscher Gemeindeverlag; 1987.
...

(Diese Beispiele sind nach der sog. Vancouver-Konvention gebildet, in der den Satzzeichen Punkt, Komma, Strichpunkt und Doppelpunkt bestimmte Funktionen zukommen; mehr dazu s. unten.)

Ordnungsprinzip

Wird – im Namen-Datum-System – auf Zitatnummern verzichtet, so tritt das Alphabet als Ordnungsprinzip an die Stelle der Zahlen. Alphabetisieren Sie nach den Nachnamen der Autoren und stellen Sie die Initialen der Vornamen nach. Wenn Sie von einem Autor mehrere Arbeiten zitieren, so ordnen Sie diese chronologisch unter dem Namen, die älteren Arbeiten zuerst, die jüngste zuletzt. Bei mehreren Arbeiten in einem Jahr können Sie noch mit a, b, c ... hinter der Jahreszahl unterscheiden.

Zuerst kommen die Arbeiten, die der Autor allein publiziert hat, dann die mit einem Mitautor. Treten verschiedene Zweitautoren auf, so ist die Anordnung der Quellenbelege im Literaturverzeichnis durch die Stellung der Namen der Zweitautoren im Alphabet bestimmt. Arbeiten mit mehr als einem Mitautor werden nur chronologisch unter dem Erstautor gesammelt. Das klingt in der Kürze kompliziert, das folgende Beispiel zeigt, wie es gemeint ist:

B 15-5

Schmidt J. 1985.
Schmidt W. 1979.
Schmitt HP. 1986.
Schmitt HP. 1988.
Schmitt HP, Hinz A. 1985.
Schmitt HP, Kunz P. 1983 a.
Schmitt HP, Kunz P. 1983 b.
Schmitt HP, Kunz P. 1986.
Schmitt HP, Kunz P, Hinz A. 1980.
Schmitt HP, Hinz A, Fischer B. 1986.

Publikationsjahr   In Literaturlisten nach dem Namen-Datum-System muss das jeweilige Publikationsjahr direkt hinter dem oder den Autorennamen stehen. Bei Zitaten im numerischen System steht das Jahr – wie in den Beispielen 15-4 a und b – meistens gegen Schluss oder am Schluss des Quellenbelegs.

Vancouver-   Für den Aufbau der Zitate (Quellenbelege) selbst gibt es mehrere Regeln
Konvention   und Konventionen – wie die schon erwähnte Vancouver-Konvention –, die z. T. unterschiedliche Empfehlungen aussprechen. Am besten besorgen Sie sich eine andere Arbeit, die vor kurzem vom Fachbereich angenommen worden ist, und machen es wie dort.

Elemente von   Nur die wichtigsten Elemente von Quellenbelegen seien hier genannt:
Quellenbelegen
– Für einen Artikel in einer Fachzeitschrift:

> Autor(en). Name der Zeitschrift. Jahr; Jahrgang: Seite.

– Für ein Buch:

> Autor(en). Titel des Buches. Verlagsort: Verlag; Jahr.
> (Falls es um bestimmte Bezüge geht, sollten die betreffenden Stellen durch die Angabe von Kapiteln, Abschnitten oder auch einzelnen Seiten benannt werden.)

Davon gibt es zahlreiche Varianten der Schreibweise und Reihung. Immer häufiger verzichtet man auf den Punkt als Abkürzungszeichen; vielmehr verwendet man den Punkt, um verschiedene Elemente des Quellenbelegs voneinander abzutrennen. Initialen der Vornamen werden zunehmend nachgestellt; in Literaturverzeichnissen nach dem Namen-Datum-System ist das erforderlich, sonst wird die alphabetische Anordnung (die von den Nachnamen ausgeht) verdeckt. Aus Annegret Sibylle Maier wird dann

B 15-6   … Maier, A. S. oder   … Maier AS

Die Namen (Titel) von Zeitschriften werden abgekürzt, wofür es internationale Vereinbarungen gibt. Sie finden die gebräuchlichen Zeitschriftenkurztitel in den Literaturverzeichnissen publizierter Arbeiten. Beispielsweise steht

B 15-7   J.   für Journal
Z.   für Zeitschrift
Exp.   für Experimentell(e), Experimental
Hematol.   für Hematology

Auch hier bleiben die Punkte neuerdings weg. Manche Wörter (wie "cancer") werden nicht abgekürzt, und andere (wie „der", "of") werden unterdrückt. Buchtitel werden nie abgekürzt.

Zunehmend werden in Zeitschriftenzitaten zusätzlich die Titel der Arbeiten angegeben; auch werden die erste und letzte Seite des Artikels genannt, nicht nur die erste, z. B.

B 15-8 Zass E. Online-Recherchen I: Literaturrecherchen in Chemical Abstracts. Nachr Chem Techn Lab. 1984; 32: 424-427.

Reiter MB. Can you teach me to do my own searching? Or tailoring online training to the needs of the end-user. J Chem Inf Comput Sci. 1985; 25: 419-422.

mehrere Autoren Sind an einer zu zitierenden Arbeit mehrere Autoren (Verfasser) beteiligt, so schreiben Sie bis zu sechs Namen in den Quellenbeleg. Sollten noch mehr Verfasser genannt sein, so können Sie die ersten drei nennen und durch Zufügen von „et al." (et alii, und andere) anzeigen, dass es noch weitere Verfasser gibt.

Alle im Text „angezogenen" Quellen müssen auch im Literaturverzeichnis erscheinen. Umgekehrt soll im Literaturverzeichnis keine Quelle aufgeführt werden, auf die nicht im Text hingewiesen wird.

Sie sollten alle zitierten Arbeiten auch im Original (zumindest in Teilen) gelesen haben. Stellen Sie sicher, dass Sie die inhaltliche Aussage der Quelle richtig wiedergeben. Wenn Ihnen eine Quelle unzugänglich ist, deuten Sie an, auf welche andere Quelle Ihr Zitat zurückgeht, z. B.

B 15-9 ... (zit. nach [7]) ...
... (zit. nach [13]) ...
... (zit. nach Chem. Abstr. 1991: 43215n) ...

Anmerkungen Manchmal möchte man eine Quelle im Literaturverzeichnis nicht nur nennen, sondern sie auch kommentieren, z. B.

B 15-10 [17] Meyers C. J Fish Parasitol. 1981; 35: 285-291. – Die meisten Befunde wurden während der 2. Antarktisfahrt der "Meteor" gewonnen.

[18] Kunert F. Lipids. 1989; 72: 512-517. – Dem angegebenen Wert waren schon früher Eggert und Knut[5] nahegekommen.

Ein in dieser Weise erweitertes Verzeichnis sollte allerdings „Literatur und Anmerkungen" genannt werden.

Ü 15-1 Hier ist der Ausschnitt eines Literaturverzeichnisses mit Zitatnummern:

1.) Dr. Meier, Fresenius Zeitschrift für Analytische Chemie Band 245.
2.) Hans-Peter Müller und R. Hausbold, Proc. of the Chem. Royal Soc. London, 134 (1980).
3.) Gaby Aced u. H.J. Möckel, Liquidchromatographie. VCH.
4.) Jander-Blasius, Anorganisch-chemisches Praktikum.
5.) Prof. P. Ernestino, Vorlesungsmanuskript.

6.) M. Pfleger, Masterarb., Fachhochschule Reutlingen.

7.) Parkanyi et al. Cryst. Struct. Commun. 7 (1978) 435.

Welche Mängel erkennen Sie? Was könnte man moderner machen?

Ü 15-2   Es folgt der Ausschnitt eines Literaturverzeichnisses nach dem Namen-Datum-System:

Y. Bard, 1974. Nonlinear Parameter Estimation. New York:Academic
   Press. S. 145.
Milow, M. (1984), Talanta 1083.
M. Milow, Inorg. Chim. Acta 26, 947 (1984).
Milow, M. (1980), Talanta 1037-44.
Nagano K., Metzler, 1967. J. Amer. Chem. Soc. 89, 2891.
Polster J., 1975. Z. Physikalische Chemie Neue Folge 97, 113.
J.E. Ricci, 1952. Hydrogen Ion Concentrations. Princeton, NY: Princeton
   University Press.

Welche Mängel erkennen Sie?

Ü 15-3   Ordnen Sie die folgenden (frei erfundenen) Zitate nach dem Namen-Datum-System:

a   Mayer PE, Zurman Z. 1983. J Amer Chem Soc. 83: 1715-22.
b   Mayer PE, Schwarz AB. 1986. J Biol Chem. 258-61.
c   Mayer PE, Müller S, Schwarz AB. 1991. Biochem Biophys Res
      Commun. 95: 1752.
d   Mayer PE, Schwarz AB, Müller S. 1986. Angew Chem Int Ed Engl. 25: 429.
e   Mayer PE, Müller S, Schwarz AB. 1987. Talanta 33: 514.
f   Mayer PE. 1968. Photoluminiscence of solutions. Amsterdam: Elsevier.
g   Mayer PE, Schwarz AB. 1987. J Amer Chem Soc. 86: 86-8.
h   Schwarz AB, Mayer PE. 1986. Z Naturforsch. 41a: 1350.
i   Schwarz AB. 1990. Biochem J. 82: 112.
j   Mayer PE. 1968. J Chem Educ. 45: 312.

Ü 15-4   Welche Arten von Dokumenten sind Ihnen bekannt, die hier (der Kürze halber) nicht angesprochen wurden?

Ü 15-5   Können Sie mit den Angaben in dieser Einheit alle Arten von Büchern richtig zitieren?

Ü 15-6   Halten Sie es für ausreichend, ein ganzes Buch zu zitieren, wenn Sie sich nur auf eine bestimmte Aussage darin beziehen wollen? Wenn nicht, wie würden Sie vorgehen?

Ü 15-7   Entwickeln Sie selbst einen Vorschlag, wie Sie mit der folgenden Situation fertig werden können:

Smith H und Johnson MR haben in Volume 20, Seite 107-117, der von
Shulz B herausgegebenen Reihe "The Insects of the Amazonas Rain Forest"
einen Artikel geschrieben, den Sie zitieren wollen; die Reihe erscheint bei
World Press in Tallahassee in Florida, der betreffende Band ist 1990 herausgekommen.

Ü 15-8   Verbessern Sie in den folgenden Textstücken die Platzierung der Zitatnummern.

a   ... mit Halbsandwichstruktur zugänglich geworden[45]; außer HX können auch zahlreiche andere Elektrophile mit Schwefel[46], Selen [47] und Tellur[48-50] als Schlüsselatomen – auch Carbene[51,52] und Nitrene schließen sich an –[53] sowie Lewis-acide Metallverbindungen wie CuCl addiert werden[54].

b   ... Eine säurekatalysierte Isomerisierung von **20** zu **21** haben Müller[12], Kandroro, [13-16] Finnigan[17] und auch Mertz [18] et al. nachgewiesen; Komplexe mit linearen[19] Baueinheiten X – besonders spektakulär: X = H-C≡C-H als Ligand – [20] sind in jüngster Zeit ebenfalls synthetisiert worden;[21-22] Versuche mit Y-C≡C-H (Y = Me)[23] haben nicht zum Ziel geführt.[24]

16 Weitere Teile, Anhänge

- ● Diese Einheit beschreibt weitere Teile einer Prüfungsarbeit, die in den vorangegangenen noch nicht behandelt worden sind.
- ■ Nach der Beschäftigung mit dem Stoff werden Sie entscheiden können, welche Informationen Sie in Anhängen unterbringen werden und wie Ihre Arbeit formal richtig abgeschlossen werden kann.

F 16-1 Welche Arten von Informationen kann man in Anhängen unterbringen?

F 16-2 Welche weiteren Teile – neben dem Anhang – kann eine Prüfungsarbeit enthalten?

2.2.11

Anhang Dem Literaturverzeichnis (s. Einheit 15) können weitere Teile folgen, insbesondere ein Anhang, der selbst aus mehreren Teilen bestehen kann („Anhang A", „Anhang B", ...). Enthält ein Anhang Literaturverweise, so sollte er allerdings vor dem Literaturverzeichnis stehen.

Begleitmaterial Hier ist der Platz, lange Messreihen, Spektren, Fließschemata, mathematische Ableitungen, Computer-Protokolle, Fotos, in Zukunft vielleicht auch Videoclips oder anderes Begleitmaterial unterzubringen, das den Lesefluss im Hauptteil stören würde. Es ist jedoch darauf zu achten, dass die Anhänge *keine* wichtigen Aussagen enthalten, die nicht auch in einem der Hauptteile angesprochen werden: Der Anhang wird selten gelesen, die Aussagen gingen ins Leere. (Wenn aus der Prüfungsarbeit eine Publikation hervorgeht, wird der Anhang vermutlich nicht mitveröffentlicht werden.)

Anmerkungen Ein weiterer Teil kann mit „Anmerkungen" überschrieben werden. Hier können ergänzende Aussagen, Erläuterungen, Hinweise und dergleichen gesammelt werden, die im Haupttext die dort verfolgten Gedanken stören würden. Wenn Sie nur wenige Anmerkungen zu machen wünschen (wie in Naturwissenschaft und Technik üblich), werden Sie dafür eher Fußnoten auf den jeweiligen Seiten anbringen (Einheit 17). Auf die Möglichkeit, Anmerkungen zusammen mit der Literatur in einem Abschnitt „Literatur und Anmerkungen" unterzubringen, haben wir schon in Einheit 15 hingewiesen.

Lebenslauf Weiter kann ein Lebenslauf als Bestandteil einer Prüfungsarbeit gefordert werden (bei Dissertationen ist das üblich). Die Angaben, die Sie hier – meist in Listenform – an das Ende der Arbeit stellen, sind dieselben, die Sie auch in einem Bewerbungsschreiben machen würden; sie sollten die wichtigsten Stadien Ihres Lebens und Ihrer bisherigen Ausbildung erfassen und evtl. schon vorhandene berufsbezogene Erfahrungen, Prüfungsabschlüsse oder Veröffentlichungen nennen, z. B. in der Form:

B 16-1 Lebenslauf

Name, Vorname	Müller, Petra
Geburtsort, -datum	Gravenbruch, 1.4.1983
Grundschule	1990 - 1993 A-Schule, Darmstadt
Höhere Schule	1993 - 2001 B-Gymnasium, Darmstadt
Hochschule	2002 - 2007 C-Studium an der Y-Universität in ZZZ
	Master-Abschluss am 7.8.2007
	Ab Oktober 2007: Wissenschaftliche Mitarbeiterin am Institut für DDD der Y-Universität in ZZZ
Sprachkenntnisse	Englisch, Französisch (nach dem Abitur je ein dreimonatiger Aufenthalt mit Sprachzertifikat in Newcastle, England, und Montpellier, Frankreich)

Erklärung Schließlich können Sie in den entsprechenden Hochschulordnungen aufgefordert werden, am Ende Ihrer Prüfungsarbeit eine Erklärung abzugeben, dass Sie tatsächlich der „geistige Eigentümer" der vorstehenden Arbeit sind, beispielsweise in der Form:

B 16-2 Hiermit wird versichert, dass diese Arbeit selbständig angefertigt wurde und dass die benutzten Hilfsmittel angegeben sind.

Einige Hochschulen wollen eine solche oder ähnlich lautende Erklärung der Arbeit vorangestellt sehen.

Ü 16-1 Eine Arbeit im Bereich der anatomischen Zoologie habe sich mit der Vermessung zahlreicher Mikrotomschnitte befasst. Aus dem umfangreichen Zahlenmaterial seien die gesuchten Parameter mit Hilfe eines Rechenprogramms ermittelt worden. Schlagen Sie eine Gliederung des Anhangs vor.

Ü 16-2 Welche Möglichkeiten gibt es, um einen eigenen Abschnitt „Anmerkungen" zu vermeiden?

Ü 16-3   Schreiben Sie Ihren eigenen Lebenslauf in einer für den Zweck geeigneten Form, ohne B 16-1 noch einmal anzusehen. Vergleichen Sie dann.
Welche Gestaltungsmittel würden Sie benutzen? An welcher Stelle würden Sie den Lebenslauf in Ihrer Arbeit einordnen?

Teil III
Sonderteile

17 Fußnoten

● Diese Einheit zeigt auf, warum Fußnoten nicht nur nützlich sind.

■ Nach der Durchsicht dieser Einheit werden Sie Fußnoten sinnvoll einsetzen – oder ganz vermeiden.

F 17-1 Welche Art von Informationen schreibt man nicht in den laufenden Text, sondern als Fußnoten?

F 17-2 Wie trennt man Fußnoten optisch vom eigentlichen Text ab?

F 17-3 Welche Zeichen verwendet man für Fußnoten: hochgestellte Zahlen, Buchstaben oder andere Zeichen?

F 17-4 Welche Nachteile bringen Fußnoten mit sich?

F 17-5 Welche Möglichkeiten gibt es, auf Fußnoten zu verzichten?

F 17-6 Sollen Literaturzitate als Fußnoten geschrieben werden?

F 17-7 Sind Anmerkungen zu Tabellen auch Fußnoten? Wie werden sie von Anmerkungen zum laufenden Text unterschieden?

 5.5.1

Anmerkungen in Fußnoten
Fußnoten sind eine besondere Form von Anmerkungen zum Text. Man benutzt sie für Aussagen außerhalb des Hauptgedankens. Im Gegensatz zu einem Text in Klammern oder zwischen Gedankenstrichen stören sie den laufenden Text nicht. Sie eignen sich auch für größere Einfügungen und heißen so, weil sie am „Fuß" der Seiten stehen.

Abschnitt „Anmerkungen"
Eine Alternative zu Fußnoten ist ein eigener Abschnitt „Anmerkungen", in dem die zusätzlichen Aussagen durchgehend nummeriert aufgeführt werden, oder auch die Aufnahme von Anmerkungen in die Literatur – dieser Abschnitt heißt dann „Literatur und Anmerkungen" (s. Einheit 15).

Fußnotenzeichen
Zu jeder Fußnote bringen Sie im Text ein Verweiszeichen auf der Seite an, auf der sie steht. Als Fußnotenzeichen kommen hochgestellte Zeichen in Frage: der Stern, *, das Pluszeichen, +, oder andere Sonderzeichen, auch

Zahlen, sofern diese nicht für Literaturverweise gebraucht werden. Zahlen können Sie seitenweise oder auch durch die ganze Prüfungsarbeit zählen. Zahlen als Fußnotenzeichen bieten den großen Vorteil, dass sie vom Textverarbeitungsprogramm automatisch vergeben werden und auch, wenn Sie später noch Fußnoten hinzufügen oder wegnehmen, geändert werden.

In der angloamerikanischen Literatur verwendet man für Fußnoten oft Sonderzeichen, die auch auf Textverarbeitungssystemen im deutschsprachigen Raum zur Verfügung stehen, z. B.

B 17-1 †, ‡, §, #, ¶.

Wiederholung des Zeichens Fußnotenzeichen können – und sollen im Bedarfsfall – auf einer Seite bis zu dreimal (z. B. ***) wiederholt werden, bevor ein anderes Zeichen verwendet wird.

Schlussklammer Hinter das hochgestellte Zeichen setzt man in naturwissenschaftlich-technischen Texten meist eine Schlussklammer, um Verwechslungen mit anderen hochgestellten Zeichen (wie Exponenten) auszuschließen. Beispiele für Fußnotenverweise sind:

B 17-2 Text Text Text*⁾ Text Text Text Text Text Text Text Text Text Text Text Text Text**⁾ Text Text Text Text Text Text Text Text Text Text Text Text Text Text Text Text Text Text Text Text Text Text Text Text Text Text Text Text Text Text Text

mindestens 1,5 : 1

* Fußnote Fußnote Fußnote Fußnote Fußnote Fußnote Fußnote Fußnote Fußnote Fußnote Fußnote Fußnote Fußnote Fußnote Fußnote Fußnote Fußnote.
** Fußnote Fußnote Fußnote Fußnote Fußnote.

Ob man den Text nach dem Fußnotenzeichen mit Einzug, also

B 17-3 * Fußnote Fußnote Fußnote Fußnote Fußnote Fußnote Fußnote Fußnote Fußnote Fußnote Fußnote Fußnote Fußnote Fußnote Fußnote Fußnote Fußnote Fußnote.
** Fußnote Fußnote Fußnote Fußnote Fußnote Fußnote Fußnote Fußnote Fußnote Fußnote Fußnote Fußnote Fußnote Fußnote Fußnote.

oder mit den Folgezeilen linksbündig (wie in B 17-2) schreibt, ist eine Frage des Geschmacks.

Schrift Auf jeden Fall sollten Sie Fußnoten samt Fußnotenzeichen kleiner schreiben als den Haupttext, z. B. 10 Punkt statt 12 Punkt. Ihr Textverarbeitungsprogramm hat dafür Vorsorge getroffen. Sie können auch Ihre eigenen Vorstellungen in einer Formatvorlage verwirklichen, da haben Sie heute als Schreiber viele Freiheitsgrade. Gewiss, es geht nur um Handwerkliches. Aber von der schreibenden Zunft – und der gehören Sie während des Abfassens Ihrer Prüfungsarbeit allemal an – wird Professionalität erwartet, von Ihnen also wie von anderen Zunftmitgliedern auch. Und das heißt: Nutzen der technisch gegebenen Möglichkeiten.

Fußnoten zu
Tabellen

Eine Stelle, an der Fußnoten oft nicht zu vermeiden sind, sind Tabellen (s. Einheit 20). Als Fußnotenzeichen sollten Sie hier, um Verwechslungen mit den häufig in Tabellen vorkommenden Zahlen zu vermeiden, kleine hochgestellte Buchstaben und Schlussklammern verwenden. Das Zeichen, beispielsweise [a], wiederholen Sie unmittelbar am Fuß der Tabelle – allerdings ohne Schlussklammer (s. B 20-4).

Überschriften

Fußnotenzeichen (auch Literaturverweise) haben nichts in Überschriften zu suchen. Sie können sich der Verführung, in einer Überschrift beispielsweise auf Literatur zum Thema hinzuweisen, entziehen, indem Sie einen entsprechenden Eröffnungssatz schreiben. *Statt*

B 17-4 a

Überschrift[*]

Text Text Text Text Text Text Text Text Text Text Text Text Text Text Text Text Text Text Text Text Text Text Text Text Text Text Text Text …

---

* Hierüber wurde erstmals von Meyer et al. [16] berichtet.

schreiben Sie *besser*:

b

Überschrift

Über XXX wurde erstmals von Meyer et al. [16] berichtet.
Text Text Text Text Text Text Text Text Text Text Text Text Text Text Text Text Text Text Text Text Text Text Text Text Text Text Text Text …

Platzierung von
Fußnotenzeichen

Das Verweiszeichen für Fußnoten im Text (Fußnotenzeichen) – es wird gewöhnlich in einer kleineren Schrift wiedergegeben als der Text – steht möglichst nahe an der Textstelle, zu der es etwas anzumerken gibt. Es ist allen Satzzeichen mit Ausnahme des Gedankenstrichs nachgestellt, z. B.

B 17-5

… erstmals gefunden.[1] Später …
… der Meinung,[2] aber …
… optimiert;[*] damit …
… gezeigt[+] – wiederum …

Verweiszeichen besonderer Art sind die hochgestellten Zahlen (Nummern, Zitatnummern), die bei Zitierung nach dem Nummernsystem (s. Einheit 15) auf Literaturquellen hinweisen. Für ihre Platzierung gilt dasselbe wie für Fußnotenzeichen.

Anordnung auf der
Seite; Linie vor
Fußnoten

Fußnoten bringen Sie am Fuß der Seite so an, dass sie vom davorstehenden Haupttext durch eine mindestens 20 mm lange waagerechte, von der linken Schreib- oder Satzspiegelkante ausgehende Linie abgegrenzt sind und nach Möglichkeit mit der unteren Schreibkante (der unteren Begrenzung des Textfelds) abschließen. Das Verhältnis der Abstände vor und nach dieser Linie soll (wie bei Überschriften) mindestens 1,5 : 1 betragen (s. B 17-2). Um den erforderlichen, zur Länge der Fußnote passenden Raum auf der Seite freistellen zu können, musste man bei Verwendung einer

Schreibmaschine genau – und mühsam – abzählen; die moderne Textverarbeitung nimmt Ihnen diese Mühe ab.

Fußnotenzeichen können auf einer Seite so zu stehen kommen, dass die Fußnoten nur noch teilweise oder gar nicht mehr auf der Seite Platz finden. Dann schreiben Sie den Fußnotentext nur zum Teil auf die entsprechende Seite und verweisen mit

B 17-6 a   ... Fußnote Fußnote Fußnote Fußnote Fußnote Fußnote
Fortsetzung Seite X.

auf seine Fortsetzung auf der nächsten Seite; oder Sie schreiben die gesamte Fußnote auf die nächste Seite und kündigen dies an mit

b   * Fußnote siehe Seite X.

Textverarbeitung   Beim Einfügen neuer Fußnoten oder beim Verschieben von Textblöcken können sich die Anordnung der Fußnoten auf der Seite und ggf. die Nummerierung (s. weiter vorne bei „Fußnotenzeichen") ändern. Moderne Textverarbeitungssysteme haben Funktionen für Fußnotenverwaltung mit eigenen „Fußnoten-Dateien", so dass Sie die erforderlichen Maßnahmen dem Rechner überlassen können. Er übernimmt für Sie auch das Abzählen der Zeilen und das richtige „Umbrechen" des Haupttextes nach Platzbedarf auf der Seite.

„Endnoten"   Insbesondere gestattet die Textverarbeitung heute, die Fußnoten wahlweise auf der jeweiligen Seite oder am Ende des Manuskripts auszudrucken. Aus den Fußnoten werden dann streng genommen „Endnoten". Diese Eigenschaft können Sie sich zunutze machen, indem Sie Literaturzitate wie Fußnoten behandeln und verwalten.

Ü 17-1   Welche Alternativen kennen Sie zur Verwendung von Fußnoten?

Ü 17-2   Welche Fußnotenzeichen kommen im Text und in Tabellen in Frage?

Ü 17-3   Was müssen Sie beachten, wenn Sie in Ihrem Manuskript Fußnoten und Zitatnummern verwenden?

Ü 17-4   Wie können Sie Fußnotenzeichen in Überschriften oder Abschnitten vermeiden?

Ü 17-5   Verbessern Sie die Position der Fußnotenzeichen im folgenden Textstück.

Text Text Text Text.[1] Text Text Text Text[2]. Text Text Text Text[3,4], Text Text Text[5]; Text Text Text Text Text Text Text Text Text[6-9]. Text Text Text – Text Text Text Text –[10] Text Text[11].

---

[1]   Fußnote Fußnote Fußnote Fußnote Fußnote Fußnote Fußnote Fußnote Fußnote ... usw.

18 Zahlen, Größen, Einheiten, Funktionen

● In dieser Einheit werden Verwendung und Schreibweise von Zahlen, Größen, Maßeinheiten und Funktionen behandelt.

■ Nach ihrer Bearbeitung werden Sie in der Lage sein, Messwerte und andere Daten korrekt in Ihre Abhandlung einzubringen.

F 18-1 Was ist eine Größe?

F 18-2 Was sagt Ihnen der Begriff SI?

F 18-3 Was ist eine Einheit, was ein Einheitenzeichen?

F 18-4 Was ist eine Basiseinheit, wieviele Basiseinheiten gibt es?

F 18-5 In welcher Reihenfolge werden hoch- und tiefgestellte Zeichen an einem Trägerbuchstaben gesetzt?

F 18-6 Welche der folgenden Schreibweisen ist richtig: 22 °C, 22° C oder 22°C?

▷ | 6.1 bis 6.5 |

numerische Angaben In wissenschaftlichen Texten kommt numerischen („quantitativen") Angaben eine besondere Bedeutung zu. Stellen Sie sicher, dass die Zahlen in Ihrer Prüfungsarbeit stimmen und dass sich nicht etwa Abschreibefehler eingeschlichen haben. Achten Sie also beim Korrekturlesen Ihrer verbesserten Fassungen und Ihrer Reinschrift sowie bei der Schlusskontrolle von Abbildungen und Tabellen besonders auf Zahlen mit ihren Dezimalzeichen und auf Einheiten mit ihren Präfixen – sowohl was die korrekte Übertragung aus der Rohfassung und den verbesserten Versionen als auch was die Plausibilität der Werte angeht. Rechnen Sie Zahlen lieber einmal zu viel nach als einmal zu wenig.

Genauigkeit Geben Sie Zahlen nicht mit mehr Stellen an, als nach der Genauigkeit der zugrunde liegenden Messungen gerechtfertigt ist. Nennen Sie für Messwerte die Toleranzbereiche mit Hilfe des ±-Zeichens. Stellen Sie bei Umrechnungen Betrachtungen über die Fehlerfortpflanzung an, und spezifizieren Sie die Art der angegebenen Abweichung oder des „Fehlers". Die

Zahl der Messwerte oder der Umfang der Stichprobe müssen zu erkennen sein.

Statistik Unterwerfen Sie Ihre Daten der Regressions- oder Korrelationsanalyse (s. Lehrbücher der Statistik). Hinweise auf die Signifikanz und Verlässlichkeit von Messwerten können Sie beispielsweise in Tabellenfußnoten unterbringen; in Abbildungen können Sie Toleranzbereiche grafisch durch Erstreckungssymbole (s. B 21-17 b) kennzeichnen. Heute stehen schon für den Personal Computer (PC) leistungsfähige Statistikprogramme zur Verfügung, die die erforderlichen mathematischen Prozeduren ausführen und zudem die Ergebnisse tabellarisch und/oder grafisch darstellen können.

Schreibmaschinen-schrift In Schriften mit naturwissenschaftlich-technischem Inhalt werden viele Sachverhalte mit Symbolen (z.B. für Größen: Größensymbole) bezeichnet. Solange man für die Reinschrift einer Prüfungsarbeit auf eine Schreibmaschine angewiesen war, die neben der senkrechten Grundschrift keine kursiven (schrägen) Schriftzeichen enthielt, mussten alle Zeichen im Text in dieser Grundschrift geschrieben werden. Die Verwendung besonderer Schriftstile brauchte nicht erörtert zu werden.

Schreibweise von Zahlen und Zeichen Heute stehen Ihnen schon in einfachen Textverarbeitungssystemen kursive und fette Schriften zur Verfügung, so dass Sie die nachstehend aufgeführten Regeln für den mathematischen Formelsatz beachten können – oder sagen wir: sollten. Diese Regeln betreffen vor allem die senkrechte oder kursive Schreibweise von Zahlen und Zeichen und die Abstände zwischen Buchstaben, Ziffern und anderen Symbolen. Sie können somit Ihrer Arbeit auch im Erscheinungsbild einen professionellen Charakter verleihen. In Tab. 18-1 sind die wichtigsten Regeln für den Satz mathematischer und physikalischer Ausdrücke und Formeln zusammengestellt.

senkrechte Grundschrift Steil, d.h. in senkrechter Grundschrift, stehen im Formelsatz alle Ziffern und Zahlen einschließlich der speziellen Zahlen π, e und i sowie Einheitenzeichen (z.B. nm, kg, mol).

Auch arithmetische Zeichen, Symbole der Mengenlehre und mathematischen Logik, Operatoren (einschließlich des Differentialoperators!) und spezielle Funktionen werden steil geschrieben, z.B.[*)]

B 18-1   d ∂ D δ Δ ∇ ppm   ppb   ppt   %   ‰

B 18-2   +   −   :   ×   >   < $\oplus$ $\otimes$ $\in$ $\varnothing$ $\cup$ $\cap$ $\exists$ $\vee$ | $\Rightarrow$ $\Leftrightarrow$

---

* In diesem Buch verwenden wir für Beispiele eine serifenlose Schrift, um sie vom Haupttext besser abzuheben. Wir bitten Sie, uns in diesem Punkt *nicht* zu folgen und für Ihre mathematischen und physikalischen Ausdrücke und Gleichungen eine Serifenschrift (vgl. Abb. 5-1) zu verwenden, um sie leichter lesbar zu machen. Tatsächlich mit serifenlosen Buchstaben zu schreiben sind nur Tensoren (vgl. B 18-9). Auch in chemischen Formeln werden Elementsymbole, Ziffern und andere Zeichen meistens in einer serifenlosen Schrift geschrieben.

Tab. 18-1. Wichtigste typografische Regeln für den Satz mathematisch-physikalischer Ausdrücke und Formeln.

Schrift	Beispiele
Senkrechte („steile") Schrift	
Zahlen	1, 2, 3, 2005, π, e
Klammern	( ) [ ] { }
Operatoren	d, D, Δ, ∇, ∂, %, ‰, ppm, ppt; $\mathrm{d}f(x)/\mathrm{d}x$, 2 %, 0,1 ppb
Verknüpfungszeichen	+, −, :, ∞, =, <, >, ∈, ≈, ↔, ⇒, AND, OR
Symbole für spezielle Funktionen	exp, log, ln, lg, sin, cos, tan, Re, Im; $\cos x$, $\exp(-x^2)$, $\mathrm{Re}(z) = a + \mathrm{i}b$
Symbole für Einheiten	m, kg, s, A, K, mol, cd; °C, W, V, Pa, ha
Einheitenpräfixe	G, M, k, m, m, n, p; nm, GHz, mbar, µL
Summen-, Produkt- und Integralzeichen	Σ, Π, $\int$
Kursive („schräge") Schrift	
Symbole für mathematische Variable	$a, b, c, x, z, A, B, \alpha, \beta, \gamma$
Symbole für physikalische Größen	m, t, T, r
Symbole für allgemeine Funktionen	$f(x) = u(x)/v(x)$, $z = \varphi(x,y)$
Symbole für Naturkonstanten	R (Gaskonstante), N_A (Avogadro-Konstante)
Freiraum	
Zwischen Zahlen	17 315 2,103 45 1 247,014 33 3 1/2
Vor und nach Verknüpfungszeichen	$3 + 4 = 7$, $f(x) = x^2 - 2x$, 18 mm × 24 mm
Zwischen Zahlenwert und Einheit	3 m 13 °C 180,15 K 12 mmol/L
Zwischen Ausdrücken in Produkten von Einheiten	70 mg mm^{-1} L^{-1} 0,4 mg/(kg a)
Vor %, ‰ und anderen Anteil-Zeichen	12,4 % 0,1 ‰ 20 ppm

Tab. 18-2. SI-Basisgrößen, ihre Symbole und Einheiten.

SI-Basisgröße	Größensymbol	zugehörige Basiseinheit	Einheitenzeichen
Länge	l	Meter	m
Masse	m	Kilogramm	kg
Zeit	t	Sekunde	s
elektrische Stromstärke	I	Ampere	A
thermodynamische Temperatur	T	Kelvin	K
Stoffmenge	n	Mol	mol
Lichtstärke	I, I_V	Candela	cd

B 18-3 exp log ln lg sin tan sinh cosh
Re (Realteil) und Im (Imaginärteil): $z = a + ib$ Re(z) Im(z)

Variable, Größen Mathematische Variable und die Symbole für physikalische Größen (SI-Basisgrößen, s. Tab. 18-2) sind kursive lateinische und griechische Buchstaben, z. B.

B 18-4 a mathematische Variable:
$a, b, c, x, y, z, A, B, C, \alpha, \beta, \gamma$

b physikalische Größen:
m (Masse), l (Länge), t (Zeit), T (thermodynamische Temperatur)

Nur in wenigen Ausnahmen werden zwei Buchstaben benutzt, z. B.

B 18-5 Re (für Reynold-Zahl)

Man schreibt sie zur Verdeutlichung in Klammern: (Re).

allgemeine Allgemeine Funktionen werden – im Gegensatz zu speziellen Funktionen
Funktionen – durch kursive Buchstaben dargestellt, z. B.

B 18-6 $f(x) = u(x)/v(x)$ $z = \varphi(x, y)$

Naturkonstanten Naturkonstanten werden kursiv geschrieben (auch sie sind physikalische Größen), z. B.:

B 18-7 N_A (Avogadro-Konstante)
h (Plancksches Wirkungsquantum)
R (Gaskonstante)

Vektoren Die Symbole für Vektoren und Matrizen sind kursiv und fett, z. B.
B 18-8 $\boldsymbol{a} = a_1\boldsymbol{e}_1 + a_2\boldsymbol{e}_2$

$$\boldsymbol{A} = \begin{pmatrix} 1 & 0 \\ 0 & 2 \end{pmatrix}$$

$\boldsymbol{F}$ (Kraft), $\boldsymbol{E}$ (elektrische Feldstärke)

Vektorpfeil Früher war es üblich, Vektoren durch einen kleinen Pfeil über dem Größensymbol zu kennzeichnen, z. B. $\vec{a}, \vec{F}, \vec{E}$.

Tensoren Für Tensoren stehen fett groteske (also serifenlose) Buchstaben, z. B.
B 18-9 **A** **B** **C**

variable Indizes Die für eine Größe oder Variable stehenden Buchstaben können zur weiteren Kennzeichnung hoch- und/oder tiefgestellte Indizes, Striche u. ä. tragen. So bedeutet

B 18-10 a c_p (c und p kursiv)

die Wärmekapazität c bei konstantem Druck p, aber

b g_n (g kursiv, n senkrecht)

die Normal-Fallbeschleunigung, wobei „n" für „normal" steht.

Symbolliste Erklären Sie die Bedeutung der Zeichen bei ihrem ersten Auftreten im Text! Darüber hinaus empfiehlt es sich fast immer, die in der Arbeit vorkommenden Zeichen, insbesondere die verwendeten Größensymbole, zu einer „Liste der Symbole" zusammenzustellen, z. B.

B 18-11 C molare Konzentration des Absorbens in der flüssigen Bulk-Phase, mol m^{-3}
C_F spezifische Wärme der flüssigen Phase, J kg^{-1} K^{-1}
D_p Teilchendurchmesser des Adsorbens, m

Abstand   Ein anderes wichtiges Merkmal im „Formelsatz" ist der Abstand (Freiraum, Spatium; auf der Schreibmaschine: Leertaste, Leerzeichen) zwischen bestimmten Zeichen. Es gibt Stellen in mathematischen Ausdrücken (mehr dazu s. Einheit 19), an denen Freiräume *wünschenswert* sind, weil sie die Übersichtlichkeit erhöhen. Nach nationalen und internationalen Regeln sind Freiräume aber an bestimmten Stellen in mathematisch-naturwissenschaftlichen Ausdrücken *erforderlich*, gleichgültig, ob der Text in Schreibmaschinen- oder in Proportionalschrift verfasst ist.

Beispielsweise sollen vielstellige Zahlen durch Freiräume gegliedert werden. Bis zu vier Stellen (Ziffern) können ohne Freiraum gesetzt werden, z. B.

B 18-12   2003   + 9999   – 3300

Zahlen in Tabellen   In Tabellen und bei Zahlen mit mehr als vier Stellen sollen die Ziffern zur besseren Übersicht vom Dezimalkomma nach links und nach rechts in Dreiergruppen (Triaden) zusammengefasst werden, z. B.

B 18-13   17 315   1 215,01   0,000 000 1   3 435 123,010 45

Zwischen einer Zahl und einem Bruch wird Freiraum gelassen, z. B.

B 18-14   3 1/2   3 $^1/_2$

Einheit, Zahlenwert   Die Zeichen für Einheiten (Maßeinheiten) werden von den dazugehörigen Zahlenwerten durch einen Freiraum getrennt, z. B.

B 18-15   3 m   280,15 K   17,5 kg   12 mol/L   0,05 µg/(kg a)

°C   °C ist ein Einheitenzeichen und folglich von der davorstehenden Zahl durch einen Freiraum zu trennen:

B 18-16   13 °C (nicht: 13°C oder 13° C).

Winkel   Das Gradzeichen bei Winkeln – das Gleiche gilt für Minuten und Sekunden – wird ohne Abstand hinter die letzte Ziffer gesetzt, z. B.

B 18-17   180°   12,3'   51° 12' 35,5"

[Das Zeichen für (Bogen)Minute ist ', verwenden Sie *nicht* den Apostroph '.]

Zeilenende   Zahlenwerte dürfen von den Einheiten nicht durch ein Zeilenende getrennt werden. Textverarbeitungssysteme bieten – neben verschiedenen Größen des Freiraums – die Funktion des „geschützten Freiraums": zwei nebeneinander stehende Zeichenketten wie Zahlenwert und Einheitenzeichen bleiben fest verbunden und werden am Zeilenende nicht getrennt.

Toleranzangabe Bei Toleranzangaben schreibt man z. B.

B 18-18 (142 ± 10) mm – *nicht* (wie häufig zu sehen): 142 ± 10 mm,

weil sich die Einheit auf die Grenzabweichung *und* den Bezugswert beziehen soll.

Erstreckungsbereich Erstreckungsbereiche werden oft durch einen Bindestrich wiedergegeben, z. B. 800 - 1000 bar; wegen der möglichen Verwechslung mit dem Minuszeichen wird stattdessen empfohlen:

B 18-19 800...1000 bar (ohne Klammern).

Freiraum sollte gelassen werden zwischen Zahlenwerten und den Zeichen für Prozent, Promille und weiteren Symbolen wie ppm ("parts per million"), ppb ("parts per billion") oder ppt ("parts per trillion"), z. B.

B 18-20 12,4 %   0,1 ‰   20 ppm   0,05 ppb

SI Die Zeichen für die sieben Basiseinheiten des SI (Système International d'Unités, s. Tab. 18-2) sind:

m   kg   s   A   K   mol   cd

Präfixe Durch Präfixe wie M (Mega), k (Kilo), m (Milli), μ (Mikro) oder n (Nano) wird die Reichweite von Einheiten in Tausendersprüngen vergrößert oder verkleinert. Präfixe werden direkt vor die Einheit geschrieben, z. B.

B 18-21 Mt (Megatonne), kg (Kilogramm), mmol (Millimol), nm (Nanometer)

[Präfixe dürfen nie alleinstehend als Substitute für Zehnerpotenzen verwendet werden.]

h, da, d, c Die Verwendung der Präfixe Hekto (h), Deka (da), Dezi (d) und Zenti (c) wird nicht mehr empfohlen (worunter vor allem der Zentimeter, cm, zu leiden hat).

Größenwerte Bei der Angabe eines Messwerts (allgemein: Größenwerts) als Produkt von Zahlenwert und Einheit ist die Einheit so zu wählen, dass der Zahlenwert nach Möglichkeit zwischen 0,1 und 1000 liegt. Schreiben Sie also z. B.

B 18-22 30 μL (nicht 0,030 mL)

Zwischen Einheitenzeichen, die miteinander multipliziert werden, bleibt ein Freiraum, z. B.

B 18-23 70 A s 10^{-2} g/(m² d)

(Im zweiten Beispiel muss das Produkt der beiden Einheiten im Nenner bei der Schreibweise mit dem Schrägstrich durch eine Klammer zusammengefasst werden.)

Index, Exponent   Für hoch- und tiefgestellte Zeichen an Trägerbuchstaben wählen Sie ca. 3/5 der Größe der Hauptschrift, um ein angenehmes Schriftbild zu erzielen, z. B. bei einer 12-Punkt-Schrift 7 p oder 8 p. (Tiefzeichen heißen auch Indizes, Hochzeichen sind z. B. Exponenten.)

Exponenten an einem Formelzeichen stehen immer direkt an ihrem Trägerbuchstaben. Besitzt eine Variable zugleich einen Index und einen Exponenten, so können Sie beide Symbole übereinander schreiben, z. B.

B 18-24 a K_S^2 oder n_{max}^2

Wenn Ihr Textverarbeitungssystem diese Möglichkeit nicht bietet, so können Sie sich mit

b $K_S{}^2$, $(K_S)^2$ oder $n_{max}{}^2$, $(n_{max})^2$

zufriedengeben. Für chemische Formeln geladener Teilchen wird die versetzte Schreibweise sogar empfohlen, z. B.

c $NH_4{}^+$, $SO_4{}^{2-}$ oder $(NH_4)^+$, $(SO_4)^{2-}$

mehrere Indizes   Mehrere Indizes, die sich auf dasselbe Formelzeichen beziehen, stehen auf derselben Schriftlinie; sie können, um Unklarheiten zu vermeiden, durch Komma, Zwischenraum oder Klammern voneinander getrennt werden.

dreistufiger Ausdruck   Ist der Index selbst ein Formelzeichen mit Index, so entsteht ein dreistufiger Ausdruck. Solche Ausdrücke erfordern vergrößerten Zeilenabstand; die Indizes 2. Ordnung sollen (sofern technisch möglich) kleiner gesetzt werden als diejenigen 1. Ordnung. Derartige Ausdrücke werden oft unübersichtlich und sollten möglichst vermieden werden; so können Sie

B 18-25 $x_{n_{max}}$ durch $x_{n,\,max}$ oder $x_{n\,max}$

ersetzen: Sie trennen also entweder „n" und „max" durch ein Komma, oder Sie setzen zwar beide Indizes gleich tief, verkleinern aber den zweiten.

In der Chemie empfiehlt sich das Anschreiben chemischer Formeln auf der Grundzeile, auch wenn sie einen Index bilden, z. B.

B 18-26 $c(H_2SO_4)$ statt $c_{H_2SO_4}$

Häufig braucht man in Formeln Buchstaben des griechischen Alphabets und andere „Sonderzeichen" (z. B. für spezielle Operatoren und Funktionen in der Mathematik). Stehen Ihnen die betreffenden Zeichen nicht zur Verfügung, so können Sie sie von Hand eintragen oder mit Schablone erzeugen (wozu Sie die Zeichen oder ganze Formeln u. U. erst verkleinern und dann einkleben müssen; s. unter „Sonderzeichen" in Einheit 19). Allerdings wird ein Drucker-Rechner von alledem nichts verstehen.

Ü 18-1   Müssen Größen in einer Prüfungsarbeit grundsätzlich kursiv geschrieben werden?

Ü 18-2   Werden Einheiten steil oder kursiv geschrieben?

Ü 18-3   Wann schreibt man „Zentimeter", wann „cm"?

Ü 18-4   Wie werden im Formelsatz allgemeine von speziellen Funktionen unterschieden?

Ü 18-5   Werden Zahlen wie -3, 12, π oder e grundsätzlich senkrecht geschrieben? Wann dürfen (oder sollen) Zahlen kursiv geschrieben werden?

Ü 18-6   Wie werden im anspruchsvollen Formelsatz die Symbole für Vektoren und Matrizen geschrieben bzw. gesetzt?

Ü 18-7   Was hat der Differentialoperator mit dem Symbol für "parts per million" gemeinsam, was unterscheidet beide?

Ü 18-8   Wie groß werden hoch- oder tiefgestellte Indizes in Bezug auf Ihre Trägerbuchstaben gesetzt?

Ü 18-9   Wie werden Zeichen für Naturkonstanten gesetzt, senkrecht oder kursiv?

Ü 18-10   Dürfen Zahlenwert und Einheit direkt hintereinander geschrieben werden, z. B. 12m oder 0,1mmol/kg? Wie verhält es sich mit dem Prozent-Zeichen?

Ü 18-11   Sind die folgenden Schreibweisen korrekt:
12 mol/L, 12 mol : L, 12 mol $\cdot$ L^{-1}, 12 mol L^{-1}, 12 $\cdot$ mol/L?

Ü 18-12   Kommentieren und korrigieren Sie die folgenden Größenangaben:
2 dm, 12 µmL, 0,07 mmol, 2450 mm, 895 hPa, 12 800 nA.

Ü 18-13   Unter welchen Bedingungen ist es empfehlenswert, Ihrer Arbeit eine „Liste der verwendeten Symbole" beizufügen, und wo ist der richtige Platz dafür?

Ü 18-14   Korrigieren Sie die folgende Symbolliste.

a_k Kerbschlagzähigkeit, kJ/m^2
δ_0 = Rohdichte (g/cm^3)
H   Kugeldruckhärte (in N/mm^2)
P =   mittlere Flächenpressung [N mm^{-2}]
P_{WD} Permeationskoeffizient für Wasserdampf in g/cm$\cdot$h$\cdot$mbar
R_V optimale Rauhtiefe

19 Ausdrücke und Gleichungen

> ● In dieser Einheit behandeln wir die Gestaltung von Ausdrücken und Gleichungen sowie ihre Anordnung im Text.
>
> ■ Damit werden Sie in die Lage versetzt, auch mit viel „Mathematik" in Ihrer Arbeit handwerklich korrekt umzugehen.

F 19-1 Werden Gleichungen linksbündig, zentriert oder eingerückt geschrieben?

F 19-2 Muss man über und unter Gleichungen Platz frei lassen?

F 19-3 Nummeriert man in einer Prüfungsarbeit alle Gleichungen? Werden die Nummern links oder rechts angeschrieben?

F 19-4 Was ist zu beachten, wenn eine Gleichung mehr als eine Zeile Platz benötigt?

F 19-5 Werden am Schluss von Gleichungen Satzzeichen gesetzt?

▷ 6.5

Formel
Mit „Formeln" können in naturwissenschaftlich-technischen Beiträgen mathematisch-physikalische oder chemische gemeint sein. Im einen Fall spricht man besser von Ausdrücken oder Gleichungen, im anderen von Strukturformeln oder Reaktionsgleichungen (Reaktionsschemata).*)

typografische Besonderheit
In typografischer Hinsicht sind Ausdrücke und Gleichungen eine besonders komplizierte Form von Text, für deren Wiedergabe Sie einige Regeln beachten sollten, gleichgültig ob Sie Ihre Abhandlung mit einem Textverarbeitungsprogramm oder mit besonders dafür ausgelegter Software schreiben.

Ausdruck
Ausdrücke sind Zeichen (Formelzeichen, Symbole) enthaltende Textstücke, in denen den Symbolen bestimmte Bedeutungen zukommen. Als Zeichen kommen in Frage (s. auch Einheit 18): die großen und kleinen

---

* Auf das Zeichnen von chemischen Strukturformeln gehen wir in diesem Buch nicht ein. Früher wurden dafür Zeichenschablonen eingesetzt, heute stehen für den Zweck äußerst leistungsfähige Computerprogramme wie CHEMDRAW oder ISIS-DRAW zur Verfügung.

Buchstaben des lateinischen Alphabets (a, b, A, B usw.), die griechischen Buchstaben (α, β, γ usw.) und Sonderzeichen (wie $\emptyset$, $\otimes$ oder $\rightarrow$) sowie Ziffern. Der Bedarf an Zeichen geht über den Zeichenvorrat einer üblichen Tastatur hinaus, so dass die Tasten in besonderen Schriften mit Sonderzeichen belegt sind. Wenigstens eine solche Schrift (wie „Symbol") sollte Ihnen zur Verfügung stehen.

Gleichung

B 19-1

Gleichungen entstehen, wenn einfache Ausdrücke durch Zeichen wie

$$+ \quad - \quad \cdot \quad =$$

verknüpft werden.

Gleichheitszeichen

Von diesen hat das Zeichen für Gleichheit ($=$) den Gleichungen ihren Namen gegeben. Das früher zur Kennzeichnung der Relation „identisch gleich" eingesetzte Zeichen ($\equiv$) soll nicht mehr verwendet werden. (In der Zahlentheorie kommt es weiterhin als Kongruenzzeichen vor.) Hingegen kann die Relation „ist definitionsgemäß gleich" durch $=_{\text{def}}$ signalisiert werden.

Ungleichheits-
zeichen

Das Zeichen für Ungleichheit ist $\neq$. (Auf der Schreibmaschine ließ sich dieses Zeichen durch die Verbindung des Gleichheitszeichens mit dem schrägen oder senkrechten Strich nachahmen.)

$\leq, \geq$

Das Zeichen für „kleiner oder gleich" („höchstens gleich") ist $\leq$, das Zeichen für „größer oder gleich" („mindestens gleich") ist $\geq$.

Neben den genannten Relationszeichen gibt es eine Reihe weiterer verwandter Symbole, die aber in einem strengen Sinn nicht mehr als „mathematisch" anzusehen sind:

$\approx$ „ist ungefähr gleich"

$\ll$ „ist klein gegen"

$\gg$ „ist groß gegen"

$\hat{=}$ „entspricht"

proportional zu

Es ist nicht korrekt, die Beziehung „ist ungefähr gleich" durch $\sim$ (die „Tilde") wiederzugeben; dieses Zeichen hat die Bedeutung „ist proportional zu".

Neben den Relationszeichen gibt es die Verknüpfungszeichen. Die wichtigsten sind das Plus- und das Minuszeichen.

Plus-, Minuszeichen

Das eine ($+$) ist auf jeder Tastatur als eigenes Zeichen enthalten, das andere ($-$) wird durch den Gedankenstrich dargestellt.

Minuszeichen

In vielen Textverarbeitungs- und Layout-Programmen werden bei den Proportionalschriften mehrere waagerecht auf der Zeilenmitte liegende Striche unterschiedlicher Länge angeboten, die jedoch nicht alle als Minuszeichen in Betracht kommen. Dabei ist die Tastatur oft so belegt, dass die einzige für die Subtraktion sich anbietende Taste den für ein Minuszeichen zu kurzen Trennungstrich (-) hervorbringt. In solchen Fällen verwenden Sie als Minuszeichen besser den Gedankenstrich, also

B 19-2 x – 4 oder Cl⁻ (und nicht x - 4 oder Cl⁻).

Bei den älteren Schreibmaschinenschriften sind Trennungs- und Gedankenstrich gleich lang und auf der Tastatur durch *ein* Zeichen (Mittestrich) dargestellt.

Multiplikations-zeichen   Als Multiplikationszeichen wird in der Regel der schwebende Punkt verwendet. Man kann den Malpunkt oder Multiplikationspunkt (·) auf der Schreibmaschine – mehr schlecht als recht – hervorbringen, indem man den Punkt „hochstellt". Auf den erweiterten Tastaturen gängiger Schreibcomputer ist er gewöhnlich als Sonderzeichen aufrufbar.

In vielen Fällen können Sie auf einen Malpunkt ganz verzichten, denn zwei Größen gelten als miteinander multipliziert, wenn sie nebeneinander geschrieben werden. Beispielsweise bedeutet

B 19-3 RT „Allgemeine Gaskonstante mal thermodynamische Temperatur".

Multiplikation   Für die Multiplikation gibt es mehrere gleichwertige Schreibweisen:

B 19-4 ab $a\,b$ $a \cdot b$
$3b$ $3\,b$ $3 \cdot b$ (aber nur: 3 · 12)

Multiplikationskreuz   Die Multiplikation wird in deutschsprachigen Publikationen – im Gegensatz zu solchen in Englisch – selten durch ein Kreuz „×" ausgedrückt. Dieses Multiplikationskreuz ist im deutschen Schrifttum für Formatangaben reserviert, z. B.

B 19-5   24 mm × 36 mm

Dezimalzeichen   Wenn Sie den Punkt als Dezimalzeichen (wie im Englischen üblich und z. T. auch in deutschen Publikationen zugelassen) verwenden, so sollten Sie anstelle des Malpunkts eher das Multiplikationskreuz, „×", als Multiplikationsoperator einsetzen, z. B.

B 19-6 6.203×10^{-23} (weniger übersichtlich: $6.203 \cdot 10^{-23}$)

(Vergewissern Sie sich, ob Sie mit dem Dezimalpunkt keinen Ärger bekommen; besser merken Sie sich unseren Kommentar für Ihre späteren Publikationen vor.)

Vektoren   Bei Vektoren muss man zwischen dem skalaren Produkt, z. B.

B 19-7 $\boldsymbol{ab}$ oder $\boldsymbol{a} \cdot \boldsymbol{b}$

und dem Vektorprodukt unterscheiden. Das Multiplikationskreuz dient bei Vektoren zur Kennzeichnung des Vektorprodukts (des „Kreuzprodukts"):

B 19-8 $\boldsymbol{a} \times \boldsymbol{b} = \begin{vmatrix} \boldsymbol{e}_1 & \boldsymbol{e}_2 & \boldsymbol{e}_3 \\ a_1 & a_2 & a_3 \\ b_1 & b_2 & b_3 \end{vmatrix}$

Division | Die Division kann auf mehrere Arten dargestellt werden:

B 19-9 a/b $a\,b^{-1}$

[Von der Verwendung des Zeichens „ : " für Quotienten wird abgeraten.]

Der waagerechte Bruchstrich gibt kompliziertere Formeln übersichtlicher wieder als die beiden anderen Schreibweisen, z. B.

B 19-10 $z = [1/(xy) + 1/(\ln x)]/[x/(x + y) + y/(x - y)]$

$z = [x^{-1}y^{-1} + (\ln x)^{-1}][x(x + y)^{-1} + y(x - y)^{-1}]^{-1}$

$$z = \frac{\dfrac{1}{xy} + \dfrac{1}{\ln x}}{\dfrac{x}{x + y} + \dfrac{y}{x - y}}$$

aufgebaute Gleichung | Die Übersichtlichkeit erkaufen Sie allerdings mit einem erheblichen typografischen Aufwand. Wollen Sie das Schreiben solcher „aufgebauten" Gleichungen vermeiden, so bietet sich die bei Naturwissenschaftlern und Technikern beliebte Schreibweise mit negativen Hochzahlen manchmal als nächstgute Lösung an.

Schrägstrich | Hinter dem Schrägstrich als Divisionszeichen müssen oftmals Klammern gesetzt werden, um Missverständnisse zu vermeiden. Beispielsweise sind

B 19-11 a $a/b/c$ $\ln x/3$ $p{\cdot}V/R{\cdot}T$ $mL/m^2\ h$

mehrdeutig: Es kann sich dabei handeln um

b $a/(b/c) = (ac)/b$ oder $(a/b)/c = a/(bc)$
$\ln (x/3)$ oder $(\ln x)/3$
$p{\cdot}V/(R{\cdot}T) \cdot T = p{\cdot}V{\cdot}T/R$
$mL/(m^2\ h)$ oder $mL\ h/m^2$

Freiraum | Auch bei Ausdrücken spielt der Freiraum vor oder nach Symbolen eine Rolle. Vor und nach Zeichen wie $+$, $-$, $=$, $\cdot$, $<$, $>$ u. ä. bleibt ein Freiraum, z. B.

B 19-12 a $z = a + 2b - c$ $x < 12{,}5$

(Im professionellen Formelsatz wird zwischen unterschiedlich großen Freiräumen unterschieden.)

Auch vor und nach den Zeichen für bestimmte Funktionen werden Freiräume gelassen, z. B.

b $2 \sin x$ $a \tan 3b$

Ein Freiraum kann bei mathematischen Formeln die Bedeutung ändern. Deshalb sollten Sie zusammengehörige Teile einer Formel durch entsprechende Freiräume von den anderen Teilen abheben. Achten Sie vor allem darauf bei Formeln, die Funktionszeichen enthalten, z. B.

B 19-13 a $a \sin \omega\, t\, e^x$

Dieser Ausdruck ist so zu verstehen, dass sin ωt und e^x jeweils zusammengehören; Sie dürfen also nicht a sin ωte^x setzen. Missverständnisse können Sie wiederum ausschließen, indem Sie in geeigneter Weise verklammern, z. B.

b $(a$ sin $\omega t)$ e^x

Klammern Allgemein kommt Klammern in mathematischen Gleichungen und Ausdrücken eine besondere Bedeutung zu, da sie zur Strukturierung unerlässlich sind und erkennen lassen, wie weit eine Operation wirkt. Werden mehrere Klammern gebraucht, so werden sie in der Reihenfolge

B 19-14 runde, eckige, geschweifte Klammer $\{[(\quad)]\}$

angewendet. Am weitesten reicht die geschweifte Klammer, zuinnerst liegt die runde Klammer. Dabei gilt für die Größe von Klammern: sie sollen stets so hoch sein wie die Ausdrücke, die sie umschließen.

Integral- und Summenzeichen Auch Integral-, Summen- und Produktzeichen sollen ungefähr so groß sein wie die Ausdrücke, auf die sie wirken, z. B.

B 19-15 $$\sum_{i=1}^{n} f(x_i) \qquad \sum_{i=1}^{\infty} \frac{f(x_i)}{g(x_i)}$$

Hinzu kommt (s. auch B 18-1 und B 18-2) eine Reihe weiterer Symbole wie Wurzel- und Unendlich-Zeichen sowie Zeichen aus der Mengenlehre und anderen Spezialgebieten der Mathematik oder Physik, z. B.

B 19-16 $\Delta \quad \partial \quad \nabla \quad \varnothing \quad \uparrow \quad \downarrow \quad \rightarrow \quad \Rightarrow \quad \Leftrightarrow \quad \cup \quad \cap \quad \otimes \quad \in \quad \Omega \quad \Lambda$

Einen Teil dieser Zeichen finden Sie – wie schon angemerkt – in Sonderschriften, die im Computer verfügbar sind oder sein sollten und über einen geeigneten Drucker ausgegeben werden können.

Sonderzeichen Steht Ihnen keine leistungsfähige Textverarbeitung zur Verfügung, so können Sie Sonderzeichen in einen Text einbringen, indem Sie sie in der gewünschten Größe von Hand in freigelassene Stellen einzeichnen. Die Zeichen lassen sich in besserer Qualität erzeugen, wenn Schablonen in der richtigen Schriftgröße mit den entsprechenden Tuschefedern zur Verfügung stehen; auch mit Abreibbuchstaben, die im Zeichenbedarfshandel erhältlich sind, können Sie gute Ergebnisse erzielen. Mit Schablonen schreiben Sie zweckmäßig in 5 mm oder 3,5 mm Größe; danach müssen Sie die Ausdrücke xerografisch oder fotografisch verkleinern und „einstrippen". Wir wünschen Ihnen, dass Sie sich solcher Hilfmittel nicht bedienen müssen, auch nicht (oder gerade nicht!) auf einem Netz über den Wipfeln des Amazonasurwalds beim Abfassen eines Zwischenberichts. Hoffen wir also, dass schon ihr Laptop das Notwendige hergibt.

Freistellen   Gleichungen – von kleineren wie

B 19-17 $X = 3$ oder $T = 298$ K

abgesehen – werden freigestellt und eingerückt (nicht zentriert!), um sie
optisch vom eigentlichen Text abzugrenzen. Freigestellt ist ein Ausdruck
– oder eine Gleichung oder ein anderes Textelement –, wenn er allein in
der Zeile steht, z. B.

B 19-18   Dieser Satz ist freigestellt.

Einrücken   Eingerückt (eingezogen) ist eine Zeile, wenn sie weiter rechts als der übrige
Text beginnt, z. B.

B 19-19   In Bezug auf diese und die übernächste Zeile
                    ist die mittlere Zeile
                um drei Leerzeichen eingerückt.

Formeleinzug   Speziell bei Formeln spricht man vom Formeleinzug. Er ist meist größer
als der Einzug am Beginn eines Absatzes, z. B.

B 19-20   Text Text Text Text Text Text Text Text Text Text Text Text Text Text Text
                Text Text Text Text Text Text Text Text Text Text Text Text Text

                    Formel

                Text Text Text Text Text Text Text Text Text Text Text Text Text Text Text
                …

Gleichungen sind vom Text nach oben und unten um eine halbe oder eine
ganze Zeile getrennt.

Gleichungsblock Untereinander sollten mehrere Zeilen eines Gleichungsblocks den üblichen
Zeilenabstand – bei 2-zeiliger Schreibweise also Zeilenabstand „2 zl" (oder
„doppelzeilig") – halten, sofern zur Darstellung eine Schreibzeile genügt.
Bei aufgebauten Gleichungen mit größerem Raumbedarf in der Vertikalen – z. B. solchen, in denen Brüche, Wurzeln oder Summen dargestellt
werden – müssen die Zwischenabstände und die Abstände zum Text entsprechend erhöht werden, z. B.

B 19-21 $$y = \sin(x + \pi) + \cos(x - \pi)$$

$$y = \frac{x^2 \cdot (1 - x) \cdot \ln(2x - 1)}{(x - 2) \cdot (x + 2)}$$

$$y = \frac{\frac{x}{x + 1} \cdot \ln(2x - 1 + e^{-x})}{(x - 2) \cdot (x + 2) \cdot \frac{\sin y}{x + y}}$$

Wenn mehrere Gleichungen z. B. in einer mathematischen Herleitung untereinander stehen, können Sie durch Ausrichten am Gleichheitszeichen
für noch mehr Übersicht sorgen als durch einheitlichen Formeleinzug.

Formelzähler   In größeren Beiträgen werden die Gleichungen zweckmäßig nummeriert,
indem man jeweils eine in runden Klammern stehende Zahl (Formelzähler,

Gleichungsnummer) an den rechten Rand auf der Höhe der Formelachse schreibt, z. B.

B 19-22 $\qquad f(x) = a\,x^2 + b\,x + c$ $\hfill (12)$

Nummerierte Gleichungen haben den Vorzug, dass man auf sie im Text verweisen kann. Führen Sie zumindest für die Gleichungen Nummern ein, auf die Sie Bezug nehmen wollen.

Formelabsatz Sie können Gleichungen auf zwei Arten mit dem Text verknüpfen. Die eine Möglichkeit besteht darin, die Gleichungen am Ende von Absätzen (wie zusätzliche „Formelabsätze") zu platzieren, z. B.

B 19-23 Text Text Text Text Text Text Text Text Text Text Text Text Text Text Text Text Text Text Text Text Text Text Text Text Text.

$$z = f'[x,\ \varphi(u,v)] \hfill (13)$$

Text Text Text Text Text Text Text Text Text Text Text Text Text Text Text Text Text Text Text Text Text …

Stattdessen können Sie Gleichungen wie in

B 19-24 Daraus folgt

$$dc_A/dt = -\,kt,$$

woraus sich durch Integration mit der Anfangsbedingung in Gl. (4)

$$c_A = c_A^\circ \cdot e^{-kt}$$

ergibt …

umbaute Gleichung mit Text „umbauen". In solchen Fällen ist eine Absatzbildung im Textmanuskript in der sonst üblichen Weise nicht möglich. Der Satzaufbau verlangt dann oft, dass am Ende der Gleichungszeilen Satzzeichen (Komma, Punkt) stehen. Auf die Satzzeichengebung wird an der Stelle allerdings oft verzichtet, da ein Satzzeichen am Ende eines komplizierten Formelausdrucks „verloren" wirkt oder als zur Gleichung gehörig missverstanden werden könnte.

Zu beachten ist bei größeren (nicht freigestellten) Ausdrücken, dass sie *nicht* durch ein Zeilenende getrennt werden dürfen. Beispielsweise sollten Sie

B 19-25 … Text Text Text Text Text Text Text Text Text Text Text Text Text $(x_1 - y_1)/(x_1^2 - y_1^2)$ Text Text Text Text Text Text Text Text Text …

vermeiden.

Brechen von Formeln, die über eine Zeile hinausgehen, sollen vor einem Plus- oder Mi-
Formeln nuszeichen getrennt werden, jedoch möglichst nicht in einem Klammerausdruck, z. B.

B 19-26 $\quad c^4(\mathrm{H_3O^+}) + c^3(\mathrm{H_3O^+}) \cdot K_{S1} + c^2(\mathrm{H_3O^+}) \cdot (K_{S1}K_{S2} - K_W - CK_{S1})$
$\qquad\qquad - c(\mathrm{H_3O^+}) \cdot (2\,CK_{S1}K_{S2} - K_{S1}K_W) - K_{S1}K_{S2}K_W = 0$

gebrochene
Gleichung

Am besten „brechen" Sie vor einem Gleichheitszeichen. Dabei sollen (wie schon gesagt) die Gleichungen bevorzugt so angeordnet werden, dass die Gleichheitszeichen untereinander stehen, z. B.

B 19-27

$$p_0 = k_1 \, h^2 \, N^{5/3} \, m^{-1}$$
$$= k_2 \, N \, e_F$$
$$= k_2 \, U_0 \, V$$

Ü 19-1   Was ist Ihnen zur Schreibweise des Minuszeichens bekannt?

Ü 19-2   Welche Möglichkeiten kennen Sie, Brüche in Gleichungen zu schreiben? Was gilt für die Benutzung des Zeichens „ : " im Formelsatz?

Ü 19-3   Verbessern Sie die formalen Fehler der folgenden Textstücke.

   a   … bekommt man gemäß der Beziehung

$$k_1 = k_n c_2^{n-1} + k_0 \tag{22}$$

und in diesem Spezialfall für n>3:

$$k_1 = k_2 c_i + k_0 \ (i=1, \ldots n) \tag{23}$$

   b $y = 3 \cdot (x - 2 \cdot [x + 3] \cdot \{x^2 - 2x + 14\})$

   c $\int_0^\infty \dfrac{f(x)}{g(x)} \qquad \overset{n-1}{\underset{i=1}{\Sigma}} \, f(x_i)$

Ü 19-4   Kennzeichnen Sie die formalen Fehler in den folgenden Textstücken.

   a   … ergeben sich daraus eindeutig für die Werte von $x_{AWS} = 125$ mbar und $y_A = 12$ mmol/l, $Y_B = 0{,}1$ mmol/L sowie $y_C = 10$ mmol/L …

   b   … können beschrieben werden durch die drei Gleichungen

$$f_1(x) = a \cdot x^2 + b \cdot x + c, \ (5)$$
$$f_2(x) = (a + 1) \cdot \ln(1 - x), \ (6)$$
$$f_3(x) = b \cdot \exp(-x^2 + 2). \quad (7)$$

Dabei gilt insbesondere für …

20 Tabellen

- In dieser Einheit erfahren Sie einiges über den Einsatz und die Gestaltung von Tabellen.

- Sie werden danach in der Lage sein, Messwerte oder anderes Material übersichtlich in Tabellenform zu präsentieren.

F 20-1   Wann sollten Tabellen „gestürzt" werden?

F 20-2   Was versteht man unter „Verankerung" einer Tabelle im Text?

F 20-3   Worin unterscheidet sich eine Liste von einer Tabelle?

F 20-4   Wie ordnet man Größen und Einheiten in Tabellenköpfen an?

F 20-5   Schreibt man Tabellen in der gleichen Weise wie den übrigen Text (gleicher Zeilenabstand, gleiche Schriftgröße)?

F 20-6   Wie kann man einzelne Werte, Zeilen, Spalten oder Bereiche in Tabellen hervorheben?

F 20-7   Sind Zahlenwerte in Tabellen linksbündig, rechtsbündig oder am Dezimalkomma orientiert einzutragen?

▷   8.1 bis 8.5

Definition   Tabellen sind geordnete Zusammenstellungen von verbalen, numerischen oder grafischen Informationen in Spalten und Reihen. In einem größeren Schriftsatz wie einer Prüfungsarbeit bieten sie dem Leser Haltepunkte und dem Verfasser Gelegenheit, wichtige Ergebnisse zu verdichten. Tabellen haben, ähnlich Abbildungen (s. Einheit 21), eine Blickfangwirkung, und sie sollten wie diese unabhängig vom Text zu verstehen sein.

Tabellenüberschrift   Tabellen enthalten in der Regel eine Tabellenüberschrift. Diese beginnt mit der Angabe der Tabellennummer und wird mit dem Tabellentitel – welcher ankündigt, was da tabelliert wird – fortgeführt.

Tabellennummer   Die Tabellennummer wird meist in der Form „Tab. X." oder auch ausgeschrieben „Tabelle X." angegeben und durch einen Punkt – seltener einen Doppelpunkt – abgeschlossen. Dieser Eintrag, der Tabellenbezeichner, wird in Druckerzeugnissen oft fett, manchmal auch kursiv gesetzt. In größeren Werken können Doppelnummern – z. B. „Tab. 2-5" – verwendet werden.

B 20-1

Tab. 4. Enolgehalt ω (in %) von **1** und **2** in verschiedenen Lösungsmitteln. ——— Tabellenüberschrift

——— Kopflinie

Lösungsmittel	**1**	**2**
——— Halslinie
H_2O	0,4	1,8
C_2H_5OH	12,0	12,5
C_6H_6	16,2	16,0
CS_2	32	34,8

——— Fußlinie

Verankern, Bezug zum Text

Tabellennummern sind dazu da, dass man sich vom Text auf die Tabellen beziehen kann. Auf jede Tabelle muss im Text (mindestens einmal) unter Nennung der Tabellennummer verwiesen werden. Man spricht vom „Verankern" der Tabellen im Text. Dies kann geschehen durch Aussagen der Form:

B 20-2

… diese Werte (s. Tabelle 6) zeigen …
… gegeben ist (s. 3. Spalte in Tab. 4-5) …
… sind in Tab. 12 zusammengestellt.

Tabellentitel

Der Tabellentitel nennt kurz den Inhalt, manchmal auch die Herkunft oder den Zweck der nachfolgenden Zusammenstellung. In der Regel enthält der Titel kein Verb, d. h., die benötigten Begriffe werden lediglich durch Konjunktionen, Artikel und Präpositionen aneinandergereiht (z. B. „und", „von", „in" in B 20-1). Versuchen Sie, mit *einem* solchen „Satz" auszukommen, und schließen Sie ihn durch einen Punkt ab.

Erklärungen

Oft werden bei Tabellen dem eigentlichen Titel noch Erklärungen nachgestellt. Solche Erklärungen (bei Abbildungen würde man von Legenden sprechen; s. Einheit 21) sollten Sie vom eigentlichen Tabellentitel durch Punkt und Gedankenstrich optisch abtrennen und nachstellen.

B 20-3

Tab. 2-5. Relative Elementzusammensetzung (in Stoffmengenanteilen) trockener Pflanzenmasse, bezogen auf Phosphor als Einheit. – Die mit einem Stern gekennzeichneten Elemente werden als Hauptnährelemente bezeichnet.

Hauptbestandteile		Spurenelemente	
Element	Anteil	Element	Anteil
H	470	Cl	0,66
C	250	S	0,53
O	170	Si	0,31
N*	9,1	Na	0,20
K*	3,5	Fe	0,12

Tabellenfußnoten | Spezielle Vermerke zu Einzelheiten der Tabelle können Sie in Form von *Tabellenfußnoten* unterbringen (s. auch Einheit 17). Tabellenfußnoten sind feste Bestandteile von Tabellen, sie werden unterhalb der Fußlinie angeschrieben; sie können in allen Teilen der Tabelle, auch im Tabellentitel, verankert sein und können dazu benutzt werden, unübliche Abkürzungen oder Akronyme in der Tabelle und spezielle Messbedingungen, Standardabweichungen von Messwerten u. ä. zu erläutern. Die üblichen Verweiszeichen sind steile, hochgestellte kleine Buchstaben mit Schlussklammer, die im Tabellenfuß – meistens ohne Klammer – wiederholt werden. Vermeiden Sie an dieser Stelle Ziffern als Fußnotenzeichen, um der Gefahr der Verwechslung mit den (numerischen) Inhalten der Tabelle vorzubeugen.

B 20-4

Tabelle 3. Chlorierte Benzolderivate in den Abgasen der Verbrennung von Polyethylen in Gegenwart von **1**.

Peak Nr.	Verbindung	Konzentration[a] (in µg/g)
1	Chlorbenzol	10
2	1,3-Dichlorbenzol	1,0
3	2,3,7,8-TCDD[b]	0,008
...		

[a] Bezogen auf das eingesetzte Polyethylen.
[b] 2,3,7,8-Tetrachlor-dibenzodioxin ("Seveso-Dioxin").

Daneben trifft man noch Zeichen wie *, †, ‡ an.

Erklärungen, die die ganze Tabelle betreffen, werden oft auch – ohne besonderes Hinweiszeichen und vor den eigentlichen Tabellenfußnoten – unter die Fußlinie (statt hinter den Tabellentitel) geschrieben.

Tabellenkopf | Der Tabellenkopf ist der oberste Teil der Tabelle. Die Eintragungen im Tabellenkopf kündigen den Inhalt der Spalten an. Zu jeder Spalte muss es eine Eintragung im Tabellenkopf, d. h. einen Spaltenkopf, geben.

Kopflinie, Halslinie | Um den Tabellenkopf optisch von der darüberstehenden Überschrift und dem Inhalt der Tabelle darunter zu trennen, schreiben Sie ihn zwischen zwei waagerechten Linien (Kopflinie und Halslinie, s. B 20-1). Die Eintragungen im Tabellenkopf müssen kurz sein, damit sie die in den Spalten zur Verfügung stehende Schreibbreite nicht überschreiten; sie können in mehreren Zeilen geschrieben („gebrochen") werden. Tabellenmodule der Textverarbeitung bieten diesen Komfort meist von sich aus an; die ganze Zeile der Tabelle wird dann entsprechend höher.

Wenn sich die Einträge aus der Tabellenüberschrift ergeben, können Sie auf einen Tabellenkopf verzichten, z. B.

B 20-5   **Tab. 3-4.** Ausgewählte Daten des Elements Fluor.

Siedepunkt	85,0 K
Kritischer Druck	52,2 bar
Kritisches Volumen	$1,74 \cdot 10^{-3}$ m³/kg
Dichte bei 77,8 K	1562 kg/m³

Größensymbole   Häufig stehen anstelle von Wörtern im Tabellenkopf Symbole, besonders Größensymbole, die kursiv gesetzt werden sollten, z. B.

B 20-6

c_0 (in mmol/L)	E (in g)	ε_1 (in L mol⁻¹ mm⁻¹)
145,2	112,3	2460
...		

Spaltenbreite   Stimmen Sie die Breite der einzelnen Spalten nach dem Raumbedarf von Spaltenköpfen und Spalten ab. Alle Eintragungen in einer Spalte sollen in der Vertikalen aufeinander und auf den jeweiligen Spaltenkopf ausgerichtet sein, wozu Sie sich der Hilfe von Tabulatoren bedienen können. Sinnvoller ist es, eine Tabelle mit der gewünschten Zahl von Spalten und Zeilen vom Programm aufzurufen und von da aus weiter zu arbeiten. Beispielsweise können Sie die erforderlichen Spaltenbreiten einstellen, neue Zeilen oder auch Spalten einfügen und einzelne Linien oder Feldumrandungen ausdrucken oder nicht ausdrucken lassen, verstärken und mehr.

Größen, Einheiten   Stehen Größen im Tabellenkopf, so sind auch die zugehörigen Einheiten und ggf. Zehnerpotenzen anzugeben. Einheiten schreiben Sie zweckmäßig unter das Größensymbol, wo erforderlich zusammen mit einer Zehnerpotenz. Es gäbe keinen Sinn, die Einheiten in die Spalten zu schreiben, wo man sie bei jeder Eintragung wiederholen müsste (sofern immer dieselbe Einheit benötigt wird; vgl. dagegen B 20-5), z. B.

B 20-7

c(HA) mol L⁻¹	m(CaCl₂) kg	p kPa	U 10⁶ t	L_m S m² mol⁻¹

Einheiten   Setzen Sie die Einheiten nicht in eckige Klammern! Einheitenzeichen in runden Klammern unterhalb der Größensymbole sind akzeptabel, da sie so als Erklärungen zu erkennen sind; manchmal wird zur Verdeutlichung dessen noch das Wort „in" vorgesetzt (s. B 20-6).

B 20-8

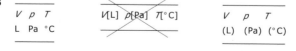

| V L | p Pa | T °C | | V[L] | p[Pa] | T[°C] | | V (L) | p (Pa) | T (°C) |

Zehnerpotenzen

Die Angabe von Zehnerpotenzen 10^x in Tabellenköpfen hat – wie auch in Achsenbeschriftungen von Abbildungen – schon oft zu Verwirrungen geführt, da nicht immer klar war, ob das 10^x-fache der Größe den Zahlenwert nebst Einheit ergeben würde oder ob der Zahlenwert mit 10^x zu multiplizieren sei. (Mehr zur Angabe von Größen und Einheiten s. Einheit 18.) Hier noch zwei weitere Schreibweisen:

B 20-9

$$\frac{10^{10}\,r}{m} \qquad \text{für} \qquad \frac{r}{10^{-10}\,m} \qquad \text{oder} \qquad \frac{r}{10^{-10}\,m}$$

Am besten vermeiden Sie die Notwendigkeit, Zehnerpotenzen anzugeben, indem Sie Einheiten mit den geeigneten Präfixen verwenden.

Quotientenschreibweise

Von den Schreibweisen in B 20-9 ist die letzte interessant, sie ist allgemein anwendbar: Wegen der Beziehung „Größenwert gleich Zahlenwert mal Einheit" ist der Quotient aus Größenwert und Einheit eine Zahl, und es sind ja die so gebildeten Zahlen, die tatsächlich tabelliert werden! Im Beispiel wäre ein Zahleneintrag 1,54 korrekt als $r/(10^{-10}\,m) = 1{,}54$ oder $r = 1{,}54 \cdot 10^{-10}\,m$ abzulesen.

Kopfunterteilungslinie

Durch waagerechte und senkrechte Linien können Sie einzelne Eintragungen im Tabellenkopf optisch zusammenfassen. Mit senkrechten Linien, die sich dann üblicherweise in den Spalten fortsetzen, trennt man voneinander ab; mit einer waagerechten Linie verbindet man und schafft einen Tabellenkopf im Tabellenkopf, z. B.:

B 20-10 a

Tab. 12. Relative Toxizität ausgewählter Giftstoffe.

Stoff	molare Masse	minimale letale Dosis	
	in g/mol	in mol/kg	in µg/kg
Botulinus toxin	$9 \cdot 10^5$	$3{,}3 \cdot 10^{-17}$	0,00003
Tetanus toxin	$1 \cdot 10^5$	$1{,}0 \cdot 10^{-15}$	0,0001
TCDD	322	$3{,}1 \cdot 10^{-9}$	1
Sixitoxin	372	$2{,}4 \cdot 10^{-8}$	9

Tabelleninhalt

Was sich unterhalb des Tabellenkopfes anschließt, also die eigentliche Information, können wir den Inhalt der Tabelle nennen.

Tabellenfächer

Durch die tatsächliche oder inhärente Zweidimensionalität von Tabellen ist jeder Eintragung im Innern der Tabelle ein bestimmter Platz (Tabellenfach) zugeordnet, der durch zwei Koordinaten angegeben werden kann.

Die Spalte ganz links hat in der Regel eine besondere Bedeutung: sie definiert die rechts anschließenden Zeilen in derselben Weise wie der Tabellenkopf die Spalten. In Tabellen mit numerischen Daten stehen in der linken Spalte meist unabhängige „Größen" – das können auch Ver-

suchsbedingungen, Vertreter einer Stichprobe oder andere „Rubriken" sein
–, rechts davon die abhängigen Größen (wie im Spaltenkopf definiert) mit
ihren Werten. Die so erreichte Zweidimensionalität macht Tabellen zu einem digitalen Gegenstück von Kurvendiagrammen, die ähnliche oder gleiche Zusammenhänge in Analog-Darstellung wiedergeben. Tatsächlich lassen sich z. B. in EXCEL erstellte Tabellen mit wenigen Befehlen in Diagramme (Abschn. 21.3) unterschiedlicher Art umwandeln.

In Veröffentlichungen muss man darauf verzichten, dieselben Daten einmal digital und einmal analog darzustellen; man verwendet also entweder
eine Tabelle *oder* eine Abbildung. In Prüfungsarbeiten hingegen sind oft
Abbildungen *und* tabellarische Darstellungen derselben Daten erwünscht
(s. auch Einheit 11).

Gelegentlich braucht man mehr als eine Spalte, um die „unabhängigen
Größen" zu charakterisieren. So kann die erste Spalte links die Art des
Untersuchungsguts angeben, die zweite die Zahl der untersuchten Proben;
erst dann folgen die eigentlichen „Daten".

Linien   Manche Autoren neigen dazu, alle Fächer „einzuzäunen", indem sie zwischen den Reihen und Spalten Linien einziehen oder ihr Programm ver-
anlassen, alle Linien (die zunächst nur Hilfslinien, „Metainformationen",
sind) tatsächlich auszudrucken. Eine Vielzahl solcher Linien verwirrt eher,
als dass sie Ordnung schaffte; auch sehen so ausgerüstete Tabellen einem
vergitterten Fenster ähnlich, was wenig ästhetisch anmutet, z. B.

B 20-10 b   **Tab. 12.** Relative Toxizität ausgewählter Giftstoffe.

Stoff	molare Masse	minimale letale Dosis	
	in g/mol	in mol/kg	in µg/kg
Botulinus toxin	$9 \cdot 10^5$	$3,3 \cdot 10^{-17}$	0,00003
Tetanus toxin	$1 \cdot 10^5$	$1,0 \cdot 10^{-15}$	0,0001
TCDD	322	$3,1 \cdot 10^{-9}$	1
Sixitoxin	372	$2,4 \cdot 10^{-8}$	9

Diese Lösung ist weniger elegant als die schon in B 20-10 a vorgestellte.

senkrechte Linien   Auf senkrechte Linien sollten Sie möglichst verzichten. Besser ist es, die
einzelnen Fächer der Tabelle nicht durch Linien, sondern durch Leerräume
voneinander zu trennen.

0, –, ...   Die Fächer einer Tabelle müssen nicht alle belegt sein. In einem Feld von
Zahlen einzelne Fächer mit „–" zu belegen, ist nicht zu empfehlen, es sei
denn, in einer Fußnote wird erklärt, was der Strich bedeutet (z. B. „nicht

nachweisbar", „nicht gemessen" oder „nicht definiert"). Gelegentlich wird empfohlen, „nicht gemessen" durch „ … " und „nicht definiert (nicht anwendbar)" durch keine Eintragung zu kennzeichnen; Sie vermeiden so den Strich (–), der auch das Minuszeichen bedeuten könnte, und haben ihn für die Fälle in Reserve, in denen tatsächlich „negativ" (z. B. beim Ausfall eines Tests) signalisiert werden soll.

Tabellensatz   Tabellen in Zeitschriftenartikeln und Büchern sind fast stets in einer Petit-Schrift, also kleiner als der Haupttext, gesetzt, nicht zuletzt, um mit Problemen der Anordnung besser fertig zu werden. Bei Verwendung einer kleinen Schrift (z. B. 10 p bei einer 12-p-Hauptschrift) bringen Sie mehr in einer Spalte unter und müssen seltener in Zeilen brechen.

Reicht der Platz für die einzelnen Eintragungen nicht aus, so können Sie Wörter oder Silben trennen und den Eintrag in zwei oder mehr Zeilen anschreiben. Vermeiden Sie dabei ungewöhnliche Abkürzungen als Alternative!

B 20-11

R-Sätze	S-Sätze empfohlen	S-Sätze erforderlich	Beispiele für Stoffgruppen u. Stoffgruppeneigenschaften
R 25	20/21		Schädlingsbekämpfungsmittel
R 27	27		Sehr giftig, dermal leicht resorbierbar
…			

Steht Ihnen kein Textverarbeitungssystem zur Verfügung, so können Sie auch den Zeilenabstand reduzieren, vornehmlich auf $1^1/_2$-fachen Zeilenabstand, um so den Petit-Satz zu imitieren.

Zahlenkolonnen schreiben Sie so, dass die Dezimalzeichen (und ggf. die ±-Zeichen) untereinanderstehen.

Kolonnensatz   Dabei können Spalten entstehen, die sowohl links als auch rechts „flattern", aber das ist gerade erwünscht: der Leser erkennt so mit einem Blick, was große und was kleine Zahlen sind (Kolonnensatz).

B 20-12
    12,4   12,4   12,4
     8,7   8,7   8,7
  1120   1120   1120
    0,85   0,85   0,85

Haben die Zahlen keinen Vergleichswert, also nichts miteinander zu tun, so sollten Sie sie auch nicht nach dem Dezimalzeichen ausrichten, also wie in B 20-5 vorgehen.

Tabellen lassen sich nicht nur vom Tabellenkopf, sondern auch von der linken Spalte her gliedern. Dazu genügt es, die Eintragungen in der linken Spalte zu Gruppen zusammenzufassen, Zwischenüberschriften einzuziehen oder die einzelnen Gruppen stärker räumlich zu isolieren. Statt z. B.

B 20-13 a

A (Europa)	000	000	000
A (USA)	000	000	000
A (Japan)	000	000	000
B (Europa)	000	000	000
B (USA)	000	000	000
B (Japan)	000	000	000
...			

können Sie schreiben:

b

Europa
A	000	000	000
B	000	000	000
C	000	000	000

USA
A	000	000	000
B	000	000	000
C	000	000	000

Japan
A	000	000	000
B	000	000	000
C	000	000	000

Wenn Tabellen zu schmal und hoch sind, sollte man sie „stürzen", z. B. in eine Form wie in B 20-14b bringen:

B 20-14 a

Nr.	p (in kPa)
1	21,0
2	31,4
3	45,6
4	54,8
5	62,8
6	69,2
...	

b

Nr.	1	2	3	4	5	6	7	8	9
p (in kPa)	21,0	31,4	45,6	54,8	62,8	69,2	72,6	78,4	81,1

Eine andere Möglichkeit besteht darin, die zu lange Tabelle zu „brechen" (s. Ü 20-1 a).

Tabellengröße   Tabellen sollen nicht zu klein und nicht zu groß sein. Eine zu kleine Tabelle ist den Aufwand nicht wert, es sei denn, Sie wollen besonders wichtige Daten herausstellen; wo das nicht gegeben ist, genügt normaler Text. Auf der anderen Seite werden die Inhalte zu großer Tabellen selten wahrgenommen, weil die wichtigen Informationen von weniger wichtigen erschlagen werden. Eine „mittlere Größe" für eine Tabelle ist eine halbe Druckseite.

Kürzen   Eine zu umfangreiche Tabelle können Sie oft dadurch kürzen, dass Sie weniger wichtige Spalten oder solche, in denen es nur wenige signifikante Eintragungen oder Änderungen gibt, weglassen; die Information können Sie ggf. in Fußnoten mitteilen. Vielleicht kann auch eine Spalte entfallen, die sich durch einfache Umrechnung (z. B. Multiplikation mit einem Faktor) aus einer anderen ableiten lässt. Versuchen Sie schließlich, eine zu umfangreiche Tabelle in zwei (oder mehr) kleinere zu zerlegen.

Anhang   Wenn alle diese Maßnahmen nicht anwendbar sind, werden Sie die Tabelle in den Anhang verweisen. Versäumen Sie nicht, bei mehrseitigen Tabellen auf jeder Seite den Tabellenkopf zu wiederholen und zusätzlich einen Hinweis wie

B 20-15   **Tabelle A.x.** Fortsetzung.

darüber zu schreiben.

Übersichtlichkeit   Versuchen Sie, Ihre Tabellen möglichst übersichtlich zu gestalten. Das Ausrichten von Zahlen nach dem Dezimalzeichen ist eine dazu dienende Maßnahme. Andere sind: Spalten, die verglichen werden sollen, möglichst nebeneinander stellen; einsichtige Ordnung schaffen (z. B. nach aufsteigenden Zahlenwerten statt nach Versuchsnummern); vergleichbare Tabellen ähnlich anlegen. Beachten Sie, dass Tabellen wie Text spaltenweise von oben nach unten gelesen werden; innerhalb einer Spalte kann der Leser leichter vergleichen oder Trends erkennen als innerhalb von Zeilen.

Einheitlichkeit   Verwenden Sie von Tabelle zu Tabelle dieselben Bezeichnungen, Abkürzungen und Symbole, wenn dasselbe gemeint ist, und stimmen Sie mit dem Text ab. Setzen Sie Zeichen für Tabellenfußnoten immer in der gleichen Weise. (Die Buchstaben a, b, c, ... werden im Tabellenfeld von links oben nach rechts unten vergeben, wie in normalem Text.) Und stellen Sie am Schluss noch einmal sicher, dass die Tabellen richtig nummeriert und im Text verankert sind.

Listen, Auflistungen   Aufzählungen, die lediglich in der Untereinanderreihung von Wörtern oder Wortphrasen bestehen, werden als Listen (auch Auflistungen) bezeichnet. Solche Listen können als besonders einfache Tabellen aufgefasst werden. Es ist sinnvoll, sie durch einen Einzug vom übrigen Text freizustellen, also z. B.

B 20-16   Mehrfachbindungen sind immer kürzer als die entsprechenden Einfachbindungen, wie man an den Bindungen zwischen N-Atomen sehen kann:

$N≡N$ (110 pm)
$N=N$ (125 pm)
$N–N$ (145 pm)

Der kovalente Radius eines Atoms hängt auch ab von dessen ...

fetter Punkt,
Spiegelstrich

Zusätzlich kann man – besonders wenn Textpassagen folgen – den fetten Punkt (●) oder Gedankenstrich (–, hier oft als Spiegelstrich bezeichnet) verwenden, z. B.

B 20-17

... aus diesen Gründen müssen wir dabei in unsere Betrachtung die drei Bereiche

- Wasser,
- Luft und
- Boden

einbeziehen.

Einschlägige Programme bieten mehrere Arten von Aufzählungszeichen an.

Aufzählungen

Ersetzen Sie den fetten Punkt oder Spiegelstrich nur dann durch Ziffern oder Buchstaben,

B 20-18

1.		a)
2.	oder	b)
3.		c)
usw.		

wenn Sie sich auf die einzelnen Punkte der Aufzählung im Text beziehen wollen. Hinter den Ziffern stehen Punkte (man liest „erstens", „zweitens", ...), hinter den Buchstaben eine Schlussklammer (nie beides).

Tabellenkalkulation

Für das Erstellen von Tabellen halten Textverarbeitungsprogramme wie WORD (von Microsoft) besondere Menüs bereit. Mit Programmen der Tabellenkalkulation (wie EXCEL von Microsoft) oder dem speziell dafür entwickelten Segment im Allround-Programm WORKS kann man gehobenen Ansprüchen gerecht werden. Daten aller Art werden hier auf sog. Arbeitsblättern (spreadsheets) präsentiert und verwaltet. In solchen stark formalisierten „Umgebungen" lassen sich typische Empfehlungen wie die hier angesprochenen nicht immer leicht umsetzen.

Ü 20-1   Korrigieren Sie die folgenden Tabellen.

a   Tabelle 1.

x	y
1	123
10	22
25	84
40	315
5	118

b   Tab. 4-2. Abhängigkeit der Konzentration c der Lösung von der Zeit t.

c	t
$5{,}0526 \cdot 10^{-4}$ mol/l	42'
$1{,}526 \cdot 10^{-6}$ mol/l	0.5min
$1{,}0537 \cdot 10^{-4}$ mol/l	22'
$5{,}0526 \cdot 10^{-5}$ mol/l	19'30 sec
$1{,}7281 \cdot 10^{-5}$ mol/l	15'
$3{,}261 \cdot 10^{-6}$ mol/l	12'30sec

c **Tabelle 4-4.** Ausbeuten bei der Reaktion von CH_3SO_2Cl mit H_2NOH.

Temperatur	%-Ausbeute
50°C	65%
60°C	68%
70°C	75%
90°C	92%
100°C	95%
110°C	92%
120°C	59%*

*teilweise Zersetzung

d **Tabelle 12.** Eigenschaften einiger Lösungsmittel.

	molare Masse (in g/mol)	Schmp. (in °C)	Siedep.[a] (in °C)	d (in g/cm³)
C_6H_6	78,12	5,5	80,1	0,87865
Phenol	94,11	43	181,75	1,0722
Toluol	92,15	-95	110,6	0,8669

[a] bei 760 mbar

Ü 20-2   Kritisieren Sie die folgende Tabelle samt ihrer Verankerung in einem Textstück (Ausschnitt).

... die Gehalte an **13**, die an zwei Stellen des Kamins (s. Tabelle 2-1) gemessen wurden, schwankten um 7 ppm und lagen damit deutlich tiefer als der von der TA Luft vorgeschriebene Grenzwert von 50 ppm [12].

Tabelle 2-1. Gehalt an **13** im Abgas.

Mess-stelle	Zeit	Temperatur des Abgases	Gehalt	Strömungsge-schwindig-keit
1	5 min	606°C	8 ppm	2,5 m³/min
1	10 min	604°C	6 ppm	2,5 m³/min
1	15 min	605°C	7 ppm	2,5 m³/min
1	20 min	606°C	6 ppm	2,5 m³/min
1	30 min	604°C	7 ppm	2,5 m³/min
1	1 Std.	608°C	7 ppm	2,5 m³/min
2	30 min	606°C	7 ppm	3,0 m³/min
2	1 Std.	606°C	7 ppm	3,0 m³/min

Ü 20-3   Verwandeln Sie das folgende Textstück in ein Textstück mit Tabelle.

Für die Verbindungen vom Typ $CH_3-SO_2-N(R^1)OR^2$ sind bisher in der Literatur die folgenden physikalischen Eigenschaften beschrieben: Die Schmelzpunkte der Verbindungen mit $R^1 = R^2 = CH_3$ und $R^1 = R^2 = H$ liegen bei 152 °C (schmilzt unter Zersetzung) bzw. 172 °C, diejenigen mit $R^1 = H$, $R^2 = CH_3$ und $R^1 = CH_3$, $R^2 = H$ liegen bei 132 °C bzw. 145 °C; die Brechungsindizes (20 °C) der Verbindung mit $R^1 = R^2 = CH_3$, $R^1 = H$, $R^2 = CH_3$ und $R^1 = CH_3$, $R^2 = H$ sind 1,4352, 1,3528 bzw. 1,4255 [3].

Ü 20-4   Geben Sie die Informationen der nachfolgenden Tabelle in einem kurzen Textstück wieder.

Tab. 7. Intensitätsverhältnis der Signale m/e = 44 und 46 im Massenspektrum des bei der Zersetzung von **3** in wässriger Lösung gebildeten Distickstoffmonoxids.

Versuchs-bedingungen	^{18}O-angerei-chertes Wasser	nicht angerei-chertes Wasser
I(46)/I(44)	$0{,}0020 \pm 0{,}0005$	$0{,}0025 \pm 0{,}0012$

Ü 20-5   Welche der folgenden Tabellenköpfe sind korrekt und empfehlenswert?

a

r in mm	I_0		
	in eV	in kcal	in kJ

b

r [mm]	I_0 [eV]	I_0 [kcal]	I_0 [kJ]

c

r/mm	I_0/eV	I_0/kcal	I_0/kJ

d

r mm	Masse mg	d g/cm^3	Siedepunkt °C

Ü 20-6   Verbessern Sie die folgende Tabelle.

Versuch Nr.	c(RSO$_2^-$) (in mol/L)	10^3 k$_1$ (in min^{-1})	
		gef.	ber.
1	0,0125	29,0	31,1
2	0,025	14,2	13,9
3	0,05	6,9	5,8
4	0,1	2,58	2,14

21 Abbildungen

- Diese Einheit zeigt, wie Vorlagen für wissenschaftlich-technische Abbildungen gewonnen werden können, wie man daraus die Abbildungen anfertigt und wie man mit Vorlagen aus fremden Quellen umgeht.

■ Mit diesen Informationen werden Sie in der Lage sein, für die gängigen Illustrationszwecke einwandfreies Bildmaterial selbst zu schaffen und dafür die jeweils geeigneten Mittel einzusetzen.

F 21-1 Worin unterscheiden sich qualitative und quantitative Darstellungen in Diagrammen?

F 21-2 Was ist eine Strichzeichnung, was ein Halbtonbild?

F 21-3 Worin unterscheiden sich Abbildungsunterschrift und Legende einer Abbildung?

F 21-4 Was müssen Sie tun, wenn Sie eine Abbildung aus einer Publikation in einer Fachzeitschrift oder aus einer Monografie in Ihre Prüfungsarbeit unverändert übernehmen wollen?

F 21-5 In welcher Größe soll die Vorlage einer Strichzeichnung angefertigt werden? Wie weit darf man eine Bildvorlage verkleinern? Wie groß soll die Beschriftung von Abbildungen sein?

F 21-6 Welche Linienbreiten haben Kurven, Achsen und Hilfslinien in Kurvendiagrammen?

7.1 bis 7.4

21.1 Bildunterschrift, Verbindung mit dem Text

Abbildung, Illustration, Bild, Grafik

Unter Abbildung (Illustration, Bild) wollen wir im Folgenden alles verstehen, was sich nicht mit den üblichen Mitteln der Textverarbeitung aus einem begrenzten Vorrat von Zeichen zusammensetzen lässt. Man benutzt in diesem Zusammenhang auch den Begriff Grafik, vor allem, wenn man auf die Erzeugung von Abbildungen mit Grafikprogrammen im Rechner hinweisen will.

Bedeutung Abbildungen sind entweder „primäre" Formen der Beschreibung von Methoden oder Ergebnissen (z. B. Apparateskizzen, Spektren, Fotos), oder sie sind „sekundäre" – d. h. abgeleitete – Darstellungsmittel (z. B. Diagramme). Demgemäß kommen sie im „Experimentellen Teil", bei den „Ergebnissen" und in der „Diskussion" vor.

Anliegen Benutzen Sie Abbildungen, wenn Sie Aussagen dadurch zusammenfassen oder klarer und einfacher übermitteln können. Setzen Sie Abbildungen ein, wenn Ihnen Worte nicht ausreichen, um eine Sache (z. B. einen Gewebeschnitt) oder einen Sachverhalt zu beschreiben, oder wenn Sie etwas dokumentieren wollen. Ein häufiges Anliegen von Abbildungen – besonders von Diagrammen – ist es, Zusammenhänge und Tendenzen aufzuzeigen.

Blickfang Stets sind Abbildungen ein Blickfang für den Leser; sie werden oft vor dem Text in Augenschein genommen und sollen deshalb übersichtlich und aus sich heraus verständlich sein.

Abbildungsnummer Damit Sie sich vom Text auf das Bildmaterial beziehen können, geben Sie jeder Abbildung eine Abbildungsnummer; auf jede Abbildung verweisen Sie im Text mindestens einmal unter Nennung der Abbildungsnummer, z. B.

B 21-1 ... dieser Sachverhalt (s. Abb. 3, obere Kurve) ...
... sind in Abb. 5-2 eingetragen ...

Im Text tritt zunächst die Abbildungsnummer als Platzhalter für die Abbildung selbst auf – die Abbildung wird im Text „verankert". Die Nummer hat eine ähnliche Aufgabe wie die Zitatnummer, die die komplette Quellenangabe im Text ersetzt (s. Einheit 15). [Entsprechendes gilt auch für die Tabellennummern (s. Einheit 20).]

Ausnahmen von dieser Regel werden selten zugelassen, am ehesten dann, wenn es sich – z. B. in der Mathematik – um kleine, eng mit dem Text verbundene Skizzen handelt, die eine unmittelbare Zuordnung wünschenswert erscheinen lassen und unter den Gesichtspunkten einer anspruchsvollen Seitengestaltung auch gestatten („umflossene" oder „integrierte" Abbildungen).

Vergeben Sie Abbildungsnummern in aufsteigender Folge nach der Erwähnung im Text, und setzen Sie die Abbildung samt Bildunterschrift an eine Stelle in der Nähe der ersten Erwähnung.

Doppelnummern Bei einer umfangreichen Prüfungsarbeit können Sie Doppelnummern verwenden, z. B.

B 21-2 **Abb. 3-12.** Fließbild des Analysengangs.

kapitelweise
Zählung

Darin bezieht sich die erste Zahl auf die größte Gliederungseinheit, das Kapitel („kapitelweise Zählung" der Abbildungen), die zweite auf die Bildzählung innerhalb der Gliederungseinheit.

Doppelnummern helfen, hohen Zahlen zu entgehen, die Zugehörigkeit einer Abbildung zu einem bestimmten Teil des Dokuments anzuzeigen und die Mühsal des Umnummerierens zu mindern, wenn Sie in einem späteren Stadium noch eine Abbildung herausnehmen oder hinzufügen müssen. Vermeiden Sie aber schwerfällige Nummern wie „13.5-1", beziehen Sie also den ersten Teil der Doppelnummer auf eine Einheit der obersten Gliederungsebene. (Wenn Sie Teile I, II, ... gebildet und darunter die Kapitel durchgängig gezählt haben, wählen Sie abweichend davon die Kapitelnummer als ersten Teil der Doppelnummer.)

Zählen Sie innerhalb jeder Einheit mit 1 beginnend, also z. B.

B 21-3 Abb. 2-1, Abb. 2-2, Abb. 2-3, ...

Bindestrich

Verwenden Sie in Doppelnummern den Bindestrich (und nicht den Punkt), um eine Verwechslung mit der Abschnittsbenummerung von Dokumenten, die nach der Stellengliederung (s. Einheit 8) unterteilt sind, auszuschließen.

Bildunterschrift

Die Abbildungsnummer ist nicht Bestandteil der Abbildung selbst, sondern Bestandteil der zur Abbildung gehörenden Bildunterschrift. Als Bildunterschrift (Abbildungsunterschrift) bezeichnet man die unmittelbar zu einer Abbildung gehörende textliche Erläuterung; sie steht, wie der Name sagt, meist unter der Abbildung, bei schmaleren Abbildungen auch seitlich an der Unterkante der Abbildung orientiert (s. Abb. 21-1).

Die Bildunterschrift beginnt mit dem Abbildungsbezeichner, der die Abbildungsnummer in der Form

B 21-4 Abb. 4-1. (seltener Abbildung 4-1. oder Bild 4-1.)

enthält. Anstelle des Punktes nach der Abbildungsnummer können Sie auch einen Doppelpunkt verwenden. Am Schluss der Bildunterschrift steht ein Punkt.

Bei den Verweisen im Text wird meistens die abgekürzte Form vorgezogen, also

B 21-5 ... (s. Abb. 3-1) ...[anstatt ... (s. Abbildung 3-1) ...].

Abbildungstitel

Wesentlicher Bestandteil der Bildunterschrift ist eine kurze verbale Beschreibung des Bildes in Form eines Abbildungstitels. (Manchmal wird das Wort „Legende" auch als Synonym für „Bildunterschrift" verwendet, also zur Bezeichnung von allem, was unter dem Bild steht.) Der Ab-

Abb. 21-1. Anordnung von Abbildungen und Abbildungsunterschriften.

bildungstitel ist vergleichbar mit der Überschrift eines Kapitels oder dem Titel eines Berichts – daher sein Name. Typische Abbildungstitel lauten etwa

B 21-6 Aufbau des Schlaufenreaktors, schematisch.
Löslichkeit von Casein in Abhängigkeit vom pH.
Mikroskopische Aufnahmen von Hefezellen während der Teilung
  (20-fache Vergrößerung).
Typische Aromaten-Verteilung bei der Umwandlung von X.
Perspektivische Schemazeichnung des Gerüsts des Zeoliths XY.

Die Erläuterungen enthalten zum Teil Hinweise auf die Abbildungstechnik. Teilen Sie in jedem Falle die Sache mit, um die es geht. Die Form der Mitteilung ist auch für andere Titel typisch: es werden meist keine Sätze gebildet. Der Satz

B 21-7 Die Kollektivlinse vor dem Spalt bildet die Lichtquelle auf die Blende ab.

wäre danach kein geeigneter Abbildungstitel, Sie könnten ihn aber in einer angehängten Erklärung (s. unten) verwenden.

Abbildungen mit „primärer" Information haben oft Titel wie

B 21-8 Elektrophoretogramm der ...
Schematische Darstellung von ...
Radialschnitt des ...

(Die englische Form z. B. "Micrograph showing ..." lässt sich im Deutschen schwer nachahmen.)

Selbsterklärung   Gestalten und beschriften Sie Abbildungen so, dass der Leser sie zusammen mit ihrer Bildunterschrift verstehen kann, ohne den Text konsultieren zu müssen. Vermeiden Sie nach Möglichkeit Anmerkungen wie

B 21-9   Näheres siehe Text.

Bilderläuterung   Oftmals sind über den Abbildungstitel hinaus weitere Erklärungen notwendig, um das Bild verstehen zu können, beispielsweise dann, wenn in der Abbildung Symbole verwendet werden, die entschlüsselt werden müssen. Auch kann es wünschenswert sein, die Aufmerksamkeit des Betrachters auf bestimmte Details zu lenken, die zu einer Messkurve gehörenden experimentellen Bedingungen zu nennen oder (z. B. bei einer Mikrofotografie) die Aufnahmetechnik zu erläutern.

Die dem Abbildungstitel folgenden Erklärungen werden als Bilderläuterung oder Legende (Bildlegende) bezeichnet.

Erklärungen zu Einzelheiten des Bildes trennen Sie zweckmäßig vom Abbildungstitel optisch ab, entweder durch einen Gedankenstrich (nach vorausgegangenem Punkt) oder durch blockartige Anordnung unterhalb des Abbildungstitels. Beispiele für gut gegliederte Bildunterschriften sind die folgenden:

B 21-10 a   **Abb. 1-12.** Aufbauprinzip des Atomabsorptionsgeräts, als Blockschaltbild. – L Hohlkathodenlampe, A Atomreservoir, W Wellenlängenselektor, D Detektor.

b   *Abb. 8.* Trennung der *n*-Alkane durch temperaturprogrammierte GC.

Säule:	50 m Methylpolysiloxan
Temperatur:	28...200 °C; 2 °C/min
Analysenzeit:	46 min
Trägergas:	Wasserstoff
Detektor:	FID

Ob eher die erste, fortlaufende Schreibweise unter Verwendung des Gedankenstrichs oder die zweite – blockartige – vorzuziehen ist, lässt sich nicht generell sagen. Die Blockanordnung im zweiten Beispiel ist übersichtlicher (braucht dafür allerdings mehr Raum) und bietet sich besonders dann an, wenn Sie viele Chromatogramme abzubilden haben und wenn Sie einen möglichst raschen Vergleich der Versuchsbedingungen gewährleisten wollen.

Bildinschriften   Ausführliche Bildlegenden helfen Ihnen, Beschriftungen *in* den Abbildungen (Bildinschriften) knapp zu halten. Halten Sie Bilder von längeren – letztlich wesensfremden – Schriftelementen frei! Es ist einfacher, eine Eintragung wie

B 21-11   Ü Überbrückungswiderstand
1 Reaktor

in die Legende zu schreiben und an dem betreffenden Bilddetail nur den Buchstaben Ü oder die Ziffer *1* (kursiv, nicht senkrecht; s. Abb. 21-6 a) zu vermerken, als dort die ganzen Wörter anzuschreiben. Abgesehen davon bieten Abbildungen oft nicht genug freien Raum für lange Vermerke.

Erläuterungen zum Bild

Legenden können Sie (wie B 21-10 b zeigt) dazu benutzen, experimentelle Einzelheiten anzugeben. Hier werden Sie abwägen, wieviele Angaben Sie tatsächlich noch als zum Bild gehörig betrachten und was Sie eher dem Text im „Experimentellen Teil" überlassen wollen. Sie sollten das Prinzip der Selbsterklärung von Abbildungen, so unser Rat, nicht überziehen und die Legenden kurz lassen.

Hinweiszeichen

Verwenden Sie in der Zeichnung nur solche grafischen Symbole oder Sonderzeichen, die Sie auch schreibtechnisch wiedergeben können, also eher

B 21-12

Versuch 1, Versuch 2, ... (oder einfach *1, 2*)

und ggf. noch Kreise, Dreiecke und ähnliche Zeichen, die Sie per Textverarbeitung in die Legende einfügen können (vgl. B 21-17a).

Besteht eine Abbildung aus mehreren Teilbildern, so werden diese gewöhnlich mit a, b, c, ... bezeichnet und in einer gemeinsamen Bildunterschrift erläutert. Die Bildunterschrift kann dann eine der Formen

B 21-13 a

Abb. Z. Räumlicher Verlauf von XY a) in Einzelpunktdarstellung, b) in Liniendarstellung (geglättete Daten).

b

Abb. Z. Räumlicher Verlauf von XY. – a) Einzelpunktdarstellung;
b) Liniendarstellung (geglättete Daten).

c

Abb. Z. Räumlicher Verlauf von XY.
a) Einzelpunktdarstellung
b) Liniendarstellung (geglättete Daten)

annehmen (s. auch Abbildungen 21-2, 21-4 und 21-6).

Heben Sie die Bildunterschriften vom übrigen Text ab. Dies erreichen Sie, wenn Sie – wie bei Druckerzeugnissen – die Bildunterschriften in einer kleineren Schrift (petit) als der Grundschrift setzen, z. B. in einer 10-Punkt-Schrift bei einer 12-Punkt-Hauptschrift.

Abbildung und Unterschrift bilden gegenüber dem Text eine Einheit; sie sollen vom davorstehenden und folgenden Text je um mindestens zwei Zeilen abgerückt sein.

Zeilenabstand der Bildunterschriften

Ordnen Sie Abbildungen und ihre Bildunterschriften immer in gleicher Weise an, z. B. alle linksbündig oder alle auf Mitte. Damit ist gemeint, dass jeweils die linke Bildkante mit der linken Begrenzungslinie des Textfeldes übereinstimmen soll oder dass die Bildachse immer mit der Mittelachse des Textfeldes zusammenfällt. Entsprechendes gilt für die Bildunterschriften.

Bildzitat

Sorgen Sie durch ordnungsgemäßes Zitieren dafür, dass fremdes geistiges Eigentum als solches erkennbar ist. Zu solchem „geistigen Eigentum" gehören in besonderer Weise Bilder. Benutzen Sie eine Abbildung aus fremder Quelle, so liegt im Sinne des Urheberrechtsgesetzes (UrhG) ein Bildzitat vor. Auf diesen Sachverhalt weisen Sie in der Bildunterschrift besonders hin.

Anordnung der Bilder im Text

Haben Sie eine Abbildung einer anderen Quelle entnommen, so sollte der Hinweis auf die Quelle Bestandteil des Abbildungstitels sein und vor etwaigen Erläuterungen stehen. Korrekte Bildunterschriften bei Verwendung von fremdem Bildmaterial lauten beispielsweise

B 21-14   **Abb. 4.** Genealogie der Hefen (aus Müller [12]).

Abb. 5. Ansicht einer Wirbelschicht-Müllverbrennungsanlage (Werkfoto der Z-Gesellschaft mbH, Sauberstadt).

(Wenn die Arbeit publiziert werden soll, wäre vor Verwendung der Abbildung eine Nachdruckgenehmigung – z. B. vom Verlag des ursprünglichen Dokuments – einzuholen; die Genehmigung wäre zu erwähnen.)

Haben Sie die Abbildung nicht unmittelbar auf fotomechanischem Wege reproduziert, sondern bearbeitet und an den vorgegebenen Zweck angepasst, können Sie darauf so hinweisen:

B 21-15   ... (nach [14], S. 45) oder ... (nach Schmitt 1999)

Fremdes Bildmaterial werden Sie in einer Prüfungsarbeit, die ja eine selbständige Arbeit sein soll, nur ausnahmsweise verwenden.

21.2 Strichvorlagen

Aus der Sicht der Drucktechnik unterscheidet man zwei Arten von Abbildungen: Strichzeichnungen und Halbtonabbildungen. Die zuletzt genannten verbinden wir gewöhnlich mit dem Begriff „Foto", aber das trifft den Kern der Sache nicht: Auch eine Strichzeichnung kann man fotografieren, also in eine Fotografie umwandeln, und sie bleibt dennoch vom Typ „Strich". Der eigentliche Unterschied liegt darin begründet, dass Strichzeichnungen nur „Schwarz oder Weiß" („Farbe oder Nicht-Farbe") in linienförmigen oder auch flächigen Bildelementen kennen, während bei Halbtonabbildungen kontinuierliche Übergänge von weiß nach schwarz, also Grautöne, vorkommen oder beliebige Mischungen der Grundfarben bei Farbbildern.

Strichzeichnung, Realfoto

In den Natur- ebenso wie in den Ingenieurwissenschaften reichen in 90 % (oder mehr) der Fälle Strichzeichnungen aus, um Sachverhalte bildhaft darzustellen. Für ihren stark abstrahierenden Ansatz ist die schematische

Strichzeichnung der angemessene Ausdruck. Lediglich in den stärker de-skriptiven naturwissenschaftlichen Fächern, etwa in den Bio- und Geowis-senschaften, kann man zur Wiedergabe im Bild auf die Halbtonabbildung – das Realfoto – oft nicht verzichten. Aber selbst hier (z. B. zur Beschrei-bung von Tieren oder Organen) können Sie Schemazeichnungen dem Foto vorziehen, wenn dadurch wesentliche Teile oder Strukturen besser hervor-treten – viele Lehr- und Handbücher auch in der Medizin belegen das.

Nicht nur reichen Strichzeichnungen für die Wiedergabe der meisten natur-wissenschaftlichen und technischen Sachverhalte aus, sie sind auch für die handwerkliche Verarbeitung am besten geeignet. Strichzeichnungen kön-nen Sie problemlos kopieren, fotografieren und für den Offsetdruck verfil-men. Und sie lassen sich mit verhältnismäßig geringem Aufwand mit Zeichenprogrammen erzeugen und in Textdateien einbauen.

Vervielfältigung | Da die modernen Techniken der Xerokopie im Prinzip „Schwarz-Weiß-Malerei" sind, bereitet die Vervielfältigung von Strichzeichnungen über Fotokopierer keine Probleme.

Farbdruck | Indessen haben wir in den letzten Jahren eine kaum zu erwartende Wei-terentwicklung des Farbdrucks erlebt. In jedem Copyshop stehen Farb-kopierer von verblüffender Leistungsfähigkeit zur Verfügung, und Farb-drucker für den Eigengebrauch kann man inzwischen kostengünstig erwer-ben. Auf die Ausstattung von Prüfungsarbeiten an den Hochschulen kann das nicht ohne Auswirkung bleiben, doch wollen wir auf diese technischen Neuerungen nicht eingehen. Prüfen Sie selbst, was Sie brauchen – und was die Hochschschule brauchen kann.

Handwerkliches | Heutzutage werden Strichzeichnungen kaum noch manuell mit Tusche auf Transparentpapier angefertigt: Schablonen und Kurvenlineale gehören der Vergangenheit an. Wir werden deshalb auf diese Techniken nicht mehr eingehen, sondern voraussetzen, dass Sie sich mit geeigneter Software auskennen. Am besten benutzen Sie Zeichenprogramme (z. B. ILLUSTRA-TOR von Adobe oder FREEHAND von Macromedia), mit denen Zeichnun-gen als PostScript-Dateien ausgegeben werden können (die dann leicht in Textverarbeitungs- oder Layoutprogrammen weiter verarbeitet werden können).

Beschriften | Lassen Sie sich bei Verwendung des Computers nicht dazu verführen, die typografischen Möglichkeiten Ihres Text- und Grafiksystems bei der Beschriftung Ihrer Bilder in vollem Umfang auszuschöpfen. Schaffen Sie keinen „optischen Ballast", mehr als drei Schriften (nach Art und Größe) in einem Bild wirken unharmonisch:

B 21-16   ~~Elektrodenkinetik~~   **Elektrodenkinetik**

HELMHOLTZSCHE   • Helmholtzsche
   DOPPELSCHICHT   Doppelschicht
Polarisationsspannungen   • Polarisationsspannungen
Aktivierungsenergie   • Aktivierungsenergie
| Austauschstromdichte | • Austauschstromdichte

Schriftgröße   Buchstaben und Ziffern in Abbildungen sollten in der Endgröße, also so
wie Ihr Bild in die Reinschrift kommt, ungefähr die Größe der Petit-Schrift
haben, also etwa 2 mm.

Bleistiftskizze   Bevor Sie mit dem Zeichnen (am Bildschirm, wie wir annehmen) beginnen, werden Sie einen Vorentwurf in Bleistift anfertigen wollen. Bleistift-
skizzen können zur Klärung einiger Fragen beitragen wie:

– Ist die Abbildung in der vorgesehenen Form aussagekräftig?
– Wurde der beste Weg gewählt, um die gewünschte Aussage zu visua-
  lisieren?
– Sind die einzelnen Bildelemente günstig über die Fläche verteilt?
– Stimmen die Größenverhältnisse unter sachlichen und ästhetischen
  Gesichtspunkten?
– Erhält die Abbildung ein günstiges Format, oder wird sie zu breit
  oder zu schmal?
– Wirkt das Bild nicht überladen?
– Sind die Skalierungen in Ordnung?
– Welche Beschriftungen werden benötigt?

Solche Fragen sollten Sie geklärt haben, bevor Sie sich an den Computer
setzen. Wir haben aber keine Bedenken, wenn Sie Ihren PC als Sketchbook
benutzen wollen. Auch so können Sie zu einem Ergebnis gelangen – nur,
das Ergebnis muss „richtig" sein, und darauf kommt es uns hier an.

21.3 Diagramme

Diagramme   Von den Strichzeichnungen in Naturwissenschaft und Technik dürften
mehr als die Hälfte dazu dienen, funktionale Zusammenhänge zu visuali-
sieren. In ihnen werden Werte einer Größe Y gegen die dazugehörenden
Werte einer anderen Größe X „aufgetragen", wofür verschiedene Darstel-
lungsformen zur Verfügung stehen. Die einzelnen Punkte eines X,Y-Streu-
diagramms ergeben, durch Kurven verbunden, das Bild – den Graphen –
einer (gedachten) stetigen Funktion (X,Y-Liniendiagramm). Stattdessen
kann man auch die Messpunkte durch ein Linienpolygon verbinden.

Messpunkt Für Messpunkte stehen Ihnen – in Programmen wie EXCEL oder WORKS – zahlreiche Symbole zur Verfügung, z. B.

B 21-17 a   ○ □ △ ▽ ● ■ ▲ ▼

Wählen Sie diese Symbole von der Größe des Buchstabens „o". Setzen Sie Farbe ein, wo dies sinnvoll erscheint; die einschlägigen Programme sind dafür eingerichtet, und Ihr Farbdrucker steht gerne zu Diensten.

Kennzeichnen Sie die Standardabweichungen der einzelnen Messpunkte durch Symbole wie

b

Kurvendiagramme (Liniendiagramme) sind oft der sinnfälligste Ausdruck für Fragen und Antworten im naturwissenschaftlich-technischen Bereich. In einer biomedizinischen Arbeit beispielsweise kann die abhängige Variable y die Wirkung auf Änderungen der unabhängigen Variablen x – das ist die Ursache – anzeigen. Ein Diagramm dieser Art gibt also Auskunft auf die Frage „Was geschieht mit y, wenn x sich ändert?" Solche Abbildungen haben oft Titel wie

B 21-18   Einfluss von x auf y in Z.
Abhängigkeit der ... von ... bei ...

Die Visualisierung numerischer Daten ist eine so gängige Aufgabe, dass dafür entwickelte Programme durchweg in solche der Tabellenkalkulation integriert sind. Liniendiagramme und ihre Geschwister (s. weiter hinten unter „Balken- und Kreisdiagramme") werden daher meist nicht mehr wirklich gezeichnet, sondern mit Computerunterstützung direkt aus den Daten generiert.

Achsensystem Eine typische Darstellung in einem rechtwinkligen oder kartesischen Achsensystem besteht aus den beiden Achsen, eventuell einem rechtwinkligen Hilfsliniennetz und einer oder mehreren Kurven nebst den dazugehörenden Beschriftungen. Die drei Arten von Linien sind gemäß ihrer Bedeutung zu gewichten, was Sie in der zeichnerischen Darstellung durch unterschiedliche Linienbreiten (Strichstärken) zum Ausdruck bringen. Was Wissenschaftler eigentlich interessiert, sind die Kurven: sie haben den höchsten Wert. Nächstwichtig sind die Achsen. Dem Hilfsliniennetz, den Strichmarken an den Achsen oder den Hinweislinien kommt eine Hilfsfunktion zu.

Linienbreiten Für die zu verwendenden Linienbreiten wird das Verhältnis empfohlen:

Netz zu Achsen zu Kurven wie 1 : 1,4 : 2.

Kurvenschar Gelegentlich wollen Sie in einem Diagramm nicht nur *eine* Kurve darstellen, sondern mehrere Kurven, eine Kurvenschar. Schreiben Sie an jede
Kurve (Kennlinie) einer Schar Parameter an, oder versehen Sie die einzelnen Kurven mit schrägen Hinweisziffern (schräg, um eine Verwechslung mit numerischen Angaben z. B. in den Skalen zu vermeiden) oder
mit senkrechten Hinweisbuchstaben, die Sie dann in der Legende erklären.

Linienart Wollen Sie über derselben unabhängigen Veränderlichen mehrere abhängige Veränderliche auftragen, so können Sie, wenn die Übersichtlichkeit
es zulässt, bei allen Kurven dieselbe Linienart anwenden; ist dies nicht
der Fall, sollten Sie unterschiedliche Linienarten wählen. Alternativen zu
der normalen durchgezogenen Linie sind die Strichlinie, die Strich-Punkt-
Linie oder andere zusammengesetzte „Linien“:

B 21-19 ————————   — — — — —   —·—·—·—

Flächen Gelegentlich haben nicht nur die Kurven selbst, sondern auch von ihnen
abgegrenzte Areale eine wissenschaftliche Bedeutung. Solche Flächen-
stücke können Sie durch Schraffur oder Rasterung oder einen sonstigen
(auch farblichen) „Hintergrund“ hervorheben oder voneinander unterscheiden.

Pfeile Um Stellen und Bereiche in Diagrammen zu kennzeichnen, stehen Ihnen
mehrere Mittel zur Verfügung, nämlich Verweislinien, Pfeile und Raster
(Abb. 21-2).

Achsen Meist werden zunehmende Werte der unabhängigen Veränderlichen an der
waagerechten Achse (Abszisse) nach rechts, zunehmende Werte der abhängigen Veränderlichen an der senkrechten Achse (Ordinate) nach oben
aufgetragen. Die Richtung zunehmender Größenwerte können Sie andeuten, indem Sie jeweils einen Pfeil an die Achsenbeschriftung setzen (Abb.
21-3 a) oder indem Sie die Achse selbst in einer Pfeilspitze enden lassen

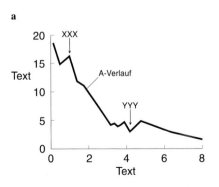
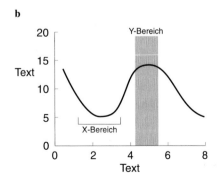

Abb. 21-2. Kennzeichnung von Bereichen. – a) Mit Verweislinien oder Pfeilen; b) mittels Rasterung.

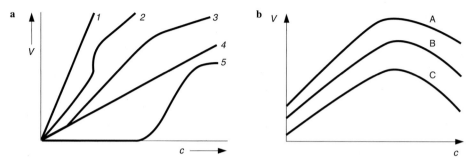

Abb. 21-3. Qualitative Darstellungen. – a) Pfeile an den Achsenbeschriftungen; b) Pfeilspitzen an den Achsen.

(Abb. 21-3 b). Beides wird heute nicht mehr empfohlen, wenn die Achsen skaliert sind. In qualitativen und halbquantitativen Darstellungen können Sie aber auf Pfeile nicht verzichten.

Achsenteilung   Für die Skalierung von Achsen ist es erforderlich, Strichmarken anzubringen und die ihnen entsprechenden Zahlenwerte daran zu schreiben. Die Strichmarken (auch Achsenteilungen, Skalierungsstriche, Teilstriche) symbolisieren verkürzte Netzlinien (Rasterlinien); sie weisen sinnvollerweise in das Innere des Kurvendiagramms, d. h. von der Abszisse nach oben und von der Ordinate nach rechts. Sollten die „innen" liegenden Striche stören, so können Sie sie auch „außen" an die Achsen setzen, was ggf. nur einer kurzen Anweisung an Ihr Programm bedarf.

Teilungen sollten Sie nicht zu eng wählen, alle Strichmarken sollen gleich lang sein (Abb. 21-4).

Hilfsliniennetz   Die Achsenteilungen können Sie zu einem Hilfsliniennetz (Abb. 21-5) ergänzen. Viele Autoren raten vom „Rahmen" der Diagramme und vom Ein-

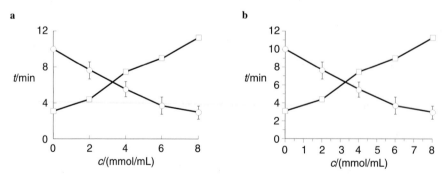

Abb. 21-4. Teilungen von Achsen. – a) Empfohlen; b) nicht empfohlen: Teilstriche außen und ungleich lang, zu viele Teilstriche.

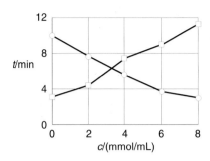

Abb. 21-5. Achsenteilungen mit Hilfe eines Hilfsliniennetzes.

ziehen von Netzlinien ab, da diese zusätzlichen Linien überflüssig sind oder vom Wesentlichen ablenken. Nur wenn aus der Grafik Werte genauer abgelesen werden sollen, sind waagerechte und senkrechte optische Führungslinien nützlich.

Nullpunkt   Die Nullpunkte der Abszissen- und Ordinatenachse bezeichnen Sie je durch eine Null, auch wenn beide Nullpunkte zusammenfallen (Abb. 21-6 a). Interessiert bei einer Achse der Bereich um den Wert Null nicht, so lassen Sie die Skala entweder doch – um Missverständnisse zu vermeiden – bei Null beginnen, und unterbrechen Sie dann die Achse (Abb. 21- 6 b); oder zeichnen Sie die beiden Skalen deutlich getrennt voneinander (Abb. 21-6 c).

Bezifferung   Nicht alle Teilstriche müssen beziffert sein, mindestens aber die ersten und letzten.

negativer Bereich   Erstreckt sich eine Achse in den negativen Größenbereich, so sind sämtliche (!) zugehörigen Zahlenwerte mit einem Minuszeichen zu versehen.

Leserichtung   Schreiben Sie alle Zahlenwerte senkrecht (steil) und in normaler Leserichtung. Die Zahlen an der Ordinate dürfen also nicht auf der Achse stehend geschrieben werden, sie müssen vielmehr ohne Drehung des Bildes lesbar sein (Abb. 21-7).

Einheiten   Sind, wie in Naturwissenschaften und Technik üblich, die Zahlenwerte bei Größenangaben mit Einheiten verbunden, so müssen auch die verwendeten Einheiten angegeben werden. Eine übliche Methode, Einheitenzeichen einzutragen, besteht darin, dass man die Zeichen in einer Reihe mit den Zahlenangaben an die Achse schreibt.

Einheiten: Und zwar stehen die Einheitenzeichen am rechten Ende der horizontalen
Achsennotation   und am oberen Ende der vertikalen Achse jeweils zwischen den letzten beiden Zahlen der Skalen. Bei Platzmangel können Sie die vorletzte (evtl. auch die drittletzte) Zahl weglassen (s. Abb. 21-8).

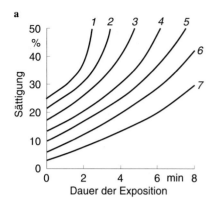

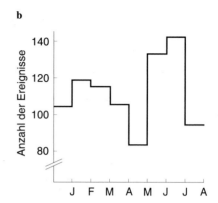

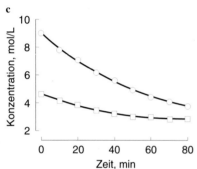

Abb. 21-6. Nullpunkte von Achsen. – a) Beide Nullpunkte fallen zusammen; b) unterbrochene Ordinate; c) getrennt voneinander gezeichnete Skalen.

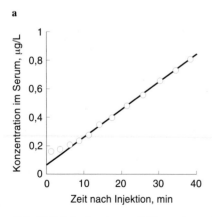

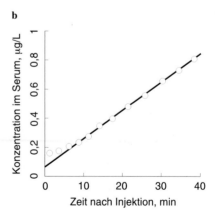

Abb. 21-7. Schreibweise von Zahlenwerten an Ordinaten. – a) Korrekt; b) falsch.

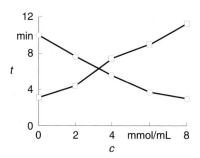

Abb. 21-8. Einheitenzeichen in Diagrammen.

Einheiten: Klammernotation — Schreiben Sie die Einheitenzeichen nicht in Klammern hinter ein Größensymbol! Als Erläuterung beim Namen einer Größe ist die Klammernotation aber zulässig, z.B. in der Form

B 21-20 Beleuchtungsdichte (cd m^{-2})

Auch können Sie das Einheitenzeichen, durch ein Komma getrennt, hinter den Namen der Größe schreiben (s. beispielsweise Abb. 21-7).

Quotientennotation — Weitere Möglichkeiten, die Einheiten einzutragen, sind: die Schreibweise der Einheiten in Verbindung mit dem Wort „in" hinter dem Größensymbol (z.B. „U in V") und die Schreibweise von Größen und Einheiten in Bruchform (z.B. U/V); der funktionale Zusammenhang bezieht sich dann nicht mehr auf Größenwerte, sondern auf Zahlen, eben die an den Skalen aufgetragenen (vgl. B 20-9 und Abb. 21-4).

Zehnerpotenzen — Gehen Sie der Notwendigkeit, Zehnerpotenzen angeben zu müssen, aus dem Weg, indem Sie die Einheiten mit entsprechenden Präfixen verwenden. Zulässig ist es aber auch, z.B.

B 21-21 10^6 g^{-1} s^{-1}

an eine Achse zu schreiben; die betreffende Größe wird dann in der „Einheit" 10^6 (z.B. Zerfälle) pro Gramm und Sekunde gemessen.

%, ‰, ppm, ppb, ppt — Ähnlich wie die Zehnerpotenz in diesem Beispiel werden beispielsweise auch die Zeichen für Prozent (%), Promille (‰) und parts per million (ppm) gewertet und wie Einheiten zwischen die Zahlen geschrieben.

°, ', " — Bei Winkelangaben hingegen behandeln Sie die Zeichen für Winkelgrad (°), Winkelminute (') und Winkelsekunde (") nicht wie Einheiten, sondern schreiben sie an jede Zahl der Achsenteilung.

Größensymbole — Die Größen geben Sie vorzugsweise in Form ihrer Größensymbole an; schreiben Sie die Größensymbole in Abbildungen in einer schrägen (kursiven) Schrift.

Haben Sie für die Größen, deren Abhängigkeit in einem Kurvendiagramm dargestellt werden soll, keine Größensymbole eingeführt, so können Sie die Benennungen selbst, gelegentlich auch einen mathematischen Ausdruck, an die Achsen schreiben. Auch längere Wortfolgen können Sie in dieser Weise anbringen, z. B.

B 21-21   Ofentemperatur in °C
CO$_2$-Verbrauch pro kg Medium in mmol

*längere
Beschriftungen*   Längs der horizontalen Achse bereiten längere Beschriftungen keine großen Schwierigkeiten, wohl aber längs der vertikalen, weil hier – bei Anschreiben in der normalen Leserichtung – sehr schnell die Abbildung zu breit würde. Können Sie ausgeschriebene Wörter oder lange Formeln an der vertikalen Achse nicht vermeiden, dann schreiben Sie längs der Achse von unten nach oben, also so, dass die Schrift von rechts (oder nach Drehen der Abbildung im Uhrzeigersinn) lesbar ist (wie in Abb. 21-7 a).

mehrere Größen   Gelegentlich wollen Sie in einem Diagramm den Verlauf mehrerer verschiedenartiger Größen (z. B. Konzentration, elektrische Leitfähigkeit und Lichtabsorption) auftragen. Sie müssen dazu für die Zahlenwerte jeder dieser Größen eine besondere Skala vorsehen und sicherstellen, dass jede Kurve des Diagramms unmissverständlich ihrer Skala zugeordnet werden kann. Beispielsweise können Sie nicht nur die rechte (innere) Seite einer Ordinate mit einer Skala versehen, sondern auch ihre linke (äußere), oder Sie können eine zweite Skala über dem rechten Ende der Abszisse aufbauen. Auch lässt sich eine Hilfsachse mit einer weiteren Teilung zusätzlich neben die Hauptachse legen (Abb. 21-9), wozu es am Computer (wie früher am Zeichenbrett) u. U. besonderer Zeichenwerkzeuge bedarf.

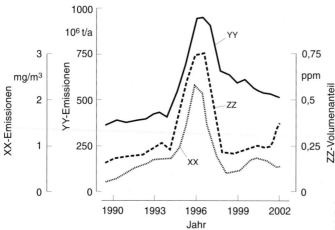

Abb. 21-9. Darstellung mehrerer Größen in einem Diagramm mit Hilfsachsen.

Spektren,
Chromatogramme

Spektren, Chromatogramme und andere Geräteaufzeichnungen muss man oft bearbeiten, bevor man sie in einen Schriftsatz integrieren kann. Vielleicht müssen Sie die Originale scannen und die dadurch erhaltenen Dateien in Bildbearbeitungsprogrammen so bearbeiten, dass sich die Bilder in gewünschter Größe und Qualität in Ihr elektronisches Manuskript einbauen lassen.

Fließschema

Zeichnerisch wenig anspruchsvoll ist der Typus des Fließschemas, in dem z. B. ein Arbeitsablauf oder ein organisatorischer Zusammenhang in oft stark abstrahierter Form dargestellt wird. Hierzu bedarf es außer der Kunst des Entwurfs nur des Zeichnens von waagerechten, senkrechten und schrägen Linien sowie von quadratischen und rechteckigen Kästen, Kreisen, Ellipsen und dergleichen. Solche Schemata lassen sich mit der heutzutage verfügbaren Software leicht erzeugen, bereits der Programmteil „Zeichnen" gängiger Programme der Textverarbeitung reicht aus.

Auch verfahrenstechnische und andere Anlagen, Versuchsaufbauten, Messanordnungen usw. können Sie in ähnlicher Weise darstellen. Charakteristisch ist wieder die Verwendung von Rechtecken (hier: für Verfahrensabschnitte, Grundoperationen, Teilanlagen usw.), die durch Linien und Pfeile verbunden und durch Bildzeichen ergänzt werden.

Balken- und
Kreisdiagramme

Beliebt in Untersuchungen mit statistischem Charakter sind Balkendiagramme und Kreisdiagramme (einige Beispiele s. Abb. 21-10).

Raster

Derartige Darstellungen gewinnen noch an Aussagekraft, wenn Sie verschiedene Flächen in unterschiedlicher Weise schraffieren oder rastern. Dafür kommen in erster Linie Strich- und Punktmuster in Frage. Computer erzeugen solche Grafiken aus entsprechenden Statistik- oder Zeichenprogrammen heraus mit einer Vielzahl frei wählbarer Rasterflächen.[*)]

Zeichenprogramm

Mit Zeichenprogrammen können Sie auf elektronischem Wege eindrucksvolle Bilder vom Typus „Strichzeichnung" generieren. Als Programme sind vektororientierte Grafikprogramme den bildpunktorientierten vorzuziehen.

21.4 Halbtonabbildungen

Fotos

Fotos werden Sie einsetzen, wenn Sie einen beobachteten Sachverhalt dokumentieren wollen, z. B. ein Gewebe unter dem Mikroskop. Dabei sol-

---

* Vielleicht sind Ihnen unsere schlichten, auf das Wesentliche konzentrierten Balken- und Kreisdiagramme zu bieder? Wenn Sie Balken und Tortenstücke in perspektivischer und/oder farbiger Darstellung bevorzugen, nutzen Sie bitte die Möglichkeiten Ihrer Software!

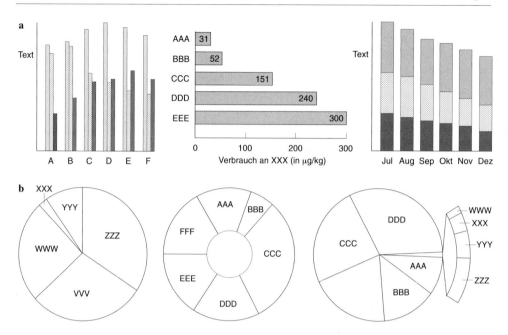

Abb. 21-10. Auswahl besonderer Formen der halbschematischen und schematischen Darstellung. – a) Balkendiagramme; b) Kreisdiagramme.

len die Stellen, auf die der Betrachter sein Hauptaugenmerk lenken soll, in der Bildmitte liegen.

Eintragungen   Teilbereiche oder wichtige Details können Sie in einen Kreis setzen, auf bestimmte Elemente können Sie mit Pfeilen und Pfeilspitzen hinweisen. Auch Größenmaßstäbe lassen sich so einsetzen.

Verarbeitung   Von fotografischen oder mikrofotografischen Aufnahmen werden entweder kontrastreiche Abzüge auf Hochglanzpapier benötigt, die Sie in einem Fotolabor entwickeln lassen, um sie in die Ausfertigungen der Arbeit einzukleben – wahrscheinlich nur einmal in eine Originalvorlage; den „Rest" besorgen dann Kopierer. Oder Sie fertigen direkt Digitalbilder oder Scans Ihrer Papierfotos an, die Sie dann so in Bildprogrammen bearbeiten, dass das ausgedruckte Ergebnis Sie zufrieden stellt.

Mit „Halbtönen" oder auch Farbe in den Abbildungen muss man heute nicht mehr so „zimperlich" umgehen wie noch vor einigen Jahren. Wägen Sie ab, was Sie ausdrücken möchten – auch was das kostet für so und so viele Exemplare Ihrer Abhandlung! Farbdrucke werden oft um der Qualität der Wiedergabe willen auf besonderem Papier ausgegeben. Vielleicht sollten Sie feststellen, ob Ihre Hochschule das schätzt.

Ü 21-1   Was verstehen Sie unter „Verankerung" einer Abbildung im Text? Welche Bedeutung kommt dabei der Abbildungsnummer zu?

Ü 21-2   Wie lassen sich Beschriftungen in Abbildungen knapp halten?

Ü 21-3   In welcher Weise können Sie Bilderläuterungen in die Abbildungsunterschrift einbeziehen?

Ü 21-4   Worin unterscheiden sich Strichvorlagen und Halbtonvorlagen?

Ü 21-5   Welche Regeln für Schriftgröße und Linienbreite (Strichstärke) kennen Sie?

Ü 21-6   Was wissen Sie über Zahlen, Strichmarken, Größensymbole und Pfeile in Diagrammen?

Ü 21-7   An welche Stellen von Diagrammen können Einheitenzeichen gesetzt werden?

Ü 21-8   Beurteilen Sie die nachfolgenden Diagramme, und schlagen Sie Verbesserungen vor.

a

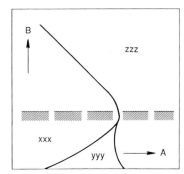

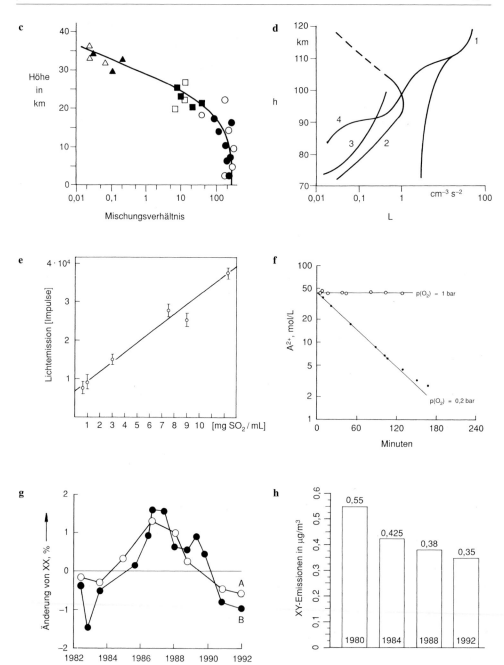

c Höhe in km — Mischungsverhältnis

d h — L (cm⁻³ s⁻²)

e Lichtemission [Impulse] — [mg SO₂ / mL]

f A²⁺, mol/L — Minuten; p(O₂) = 1 bar; p(O₂) = 0,2 bar

g Änderung von XX, % — Jahr; A; B

h XY-Emissionen in µg/m³; 0,55 (1980); 0,425 (1984); 0,38 (1988); 0,35 (1992)

Lösungen
der Übungsaufgaben

Anmerkung

Wir haben uns bei den Lösungen möglichst kurz gefasst und bitten Sie, Ihre eigenen Lösungen mit den hier angegebenen oder auch die von uns vorgeschlagenen verbesserten Textstücke mit den ursprünglichen fehlerhaften sorgfältig zu vergleichen. Für eine Übungsaufgabe haben wir gelegentlich keine Lösung angegeben, z. B. dann, wenn die Aufgabe in der Sammlung von Beispielen aus dem eigenen Arbeitskreis des Lesers bestanden hat oder wenn es um einfache Rekapitulation des bekannten Stoffs ging und die „Lösungen" im Text nachgelesen werden können. Gelegentlich werden bei den Lösungen Definitionen oder Erläuterungen aus dem Haupttext mehr oder weniger wörtlich wiederholt. Auch wo dies nicht der Fall ist, finden Sie häufig die relevanten Stichwörter in den Randspalten des Haupttextes wieder, so dass Sie die dort gegebenen Erklärungen leicht mit Ihren eigenen vergleichen können.

Lösungen zu 1

L 1-1 Zur Kennzeichnung der Experimente (Laborbuch als Ordnungsinstrument!), für Querverweise innerhalb des Laborbuchs.

L 1-2 Fest gebundene Laborbücher verwenden; Seiten nummerieren; fortlaufend schreiben, jedes Experiment auf einer neuen Seite beginnen; keine Seiten frei lassen, nicht benutzte Teile von Seiten durchstreichen; mit Kugelschreiber schreiben.

L 1-3 Um nachträgliche Eintragungen zu erschweren („Dokumentenechtheit").

L 1-4 Um den zeitlichen Ablauf der Experimente nachvollziehen zu können; als Arbeitsnachweis.

L 1-5 Bei Ringbüchern könnten Blätter nachträglich entnommen oder hinzugefügt werden.

L 1-6 Nein, Sie definieren den Anfang und das Ende eines Experiments unter pragmatischen Gesichtspunkten.

L 1-7 Zwei (gegenüberliegende) Seiten.

L 1-8 Die Eintragungen sollen auch für andere lesbar und verständlich sein. Sie dürfen stenogrammartig kurz sein.

L 1-9 Ja.

L 1-11 Auf eine Überschrift kann verzichtet werden, wenn ein klares Eröffnungs-Statement gegeben oder – bei Fortführung eines früheren Experiments – ein Bezug mit Hilfe einer Seitenzahl hergestellt wird.

L 1-12 Authentisch und unmittelbar, ausführlich, nachvollziehbar.

L 1-13 Überschrift, Datum, ggf. Ort; Zweck des Experiments.

L 1-14 Erster Teil: Fragestellung, Angaben über Voraussetzungen und Begleitumstände des Experiments (z. B. verwendetes Material und Geräte), Literatur. Zweiter Teil: eigentliche Versuchsbeschreibung. Dritter Teil: Befunde.

L 1-15 Einsicht in experimentelle Einzelheiten. Nachprüfung.

L 1-16 Der Bericht ist sprachlich ausformuliert (vollständige Sätze). Einige unmittelbar gewonnene Angaben sind in abgeleitete umgewandelt oder umgerechnet worden (z. B. Auswaage in Ausbeute der Theorie), andere wurden weggelassen.

Lösungen zu 2

L 2-1 Dokumentation.

L 2-2 Die Kartei ist nach Autorennamen geordnet.

L 2-3 Querverweise innerhalb der Kartei/Datei, Verbindung zu Exzerpten/Literaturheften und zu Sonderdrucken/Kopien, Platzhalterfunktion für Zitatnummern.

L 2-4 Erforderlich: vollständige bibliografische Angaben; zusätzlich: Stichwörter, Schlagwörter, Abstract.

L 2-5 Das für die Anlage einer Sachkartei erforderliche Zuordnen von Schlagwörtern zu jedem Dokument („Verschlagworten" von Dokumenten) ist sehr aufwändig.

L 2-6 Recherche nach aufgenommenen Begriffen (z. B. in den Titeln der Dokumente); nur bei elektronischer Literaturverwaltung möglich.

L 2-7 Sachbegriffe, Autoren, Publikationsjahr, Dokumenttyp.

Lösungen zu 3

L 3-1 Laborbücher und Begleitmaterial (Spektren u. ä.), Zwischenberichte, Literatur/Literaturhefte; Sicherheitskopien an getrennter Stelle aufbewahren.

L 3-2 Mit dem „Schreiben der Arbeit" erst beginnen, wenn die Untersuchungen – auch aus der Sicht Ihres Betreuers – abgeschlossen sind. Vor der eigentlichen Niederschrift muß ein Gliederungsentwurf vorliegen.

L 3-3 Die Lösung finden Sie ausnahmsweise nicht im Lösungsteil, sondern als Beispiel B 8-7 in Einheit 8.

Lösungen zu 4

L 4-2 ... ausgeführt werden;
... beginnen, anwerfen, starten;
... muss verbessert werden.

L 4-3 X verdampft rasch. X wurde mit Y gemessen. A kann mit B verknüpft werden. U konnte durch V erweitert werden. Das Verfahren A ist allgemein geeignet (eignet sich allgemein). Z wurde photometrisch analysiert (untersucht).

L 4-4 Die Aktivität von X geht bei pH > 8 drastisch zurück; deshalb setzten wir ...

L 4-5 Eine „zufriedenstellende Ausbeute" würde genügen; sachdienlicher wäre ... in hoher Ausbeute (88 %).

L 4-6 In **a** und **d** sind die Fremdwörter Fachausdrücke, die (durch „Bremsflüssigkeit" bzw. „räumlich") nur unzulänglich zu ersetzen sind. In **b** sollte

„gemäßigt" (für „moderat"), in **c** „gute Aussicht" (für „Perspektive") eintreten.

L 4-7   Die Zusammensetzung der Lymphe unterscheidet sich von der des Depotfetts.

L 4-8   Die Korrosionsbeständigkeit von XY wurde in einer thermostatisierten Messkammer geprüft. Die Bauteile korrodieren in feuchter Luft nur bei Gegenwart von Schwefeldioxid oder nitrosen Gasen. Die Untersuchung wurde im Rahmen des Forschungsprojekts 157 "Lagerbeständigkeit von XY-Bauteilen" durchgeführt.

L 4-9   ... Wenn man konsequent die Vermischung mit anderen Abfällen oder Lösemitteln vermeidet, können gebrauchte Kohlenwasserstoffe – so die Erkenntnis heute – in größerem Umfang als bisher aufgearbeitet und wieder verwendet werden.

... Daneben haben sich sowohl bei der Computerhardware als auch bei der Software neue Trends durchgesetzt. Zwar sind die Systeme erheblich leistungsfähiger geworden. Für den Anwender haben sich aber die Dinge nicht – wie erhofft – vereinfacht; im Gegenteil: er muss sich noch intensiver mit ihnen auseinandersetzen, wenn er ihre Leitsungsmerkmale erkennen und sie sinnvoll einsetzen will.

... Bei der Herstellung dieser Aminosäure müssen der pH-Wert und die Tropfgeschwindigkeit des Diamins genau eingehalten werden, da sonst die Ausbeute des gewünschten Produkts sinkt (Nebenreaktion Gleichung 12).

L 4-10 ... wurden 10 % Serum von neugeborenem Kalb und 1 % essentielle Aminosäuren zugegeben.

L 4-11 ... die Methode, die schon vor vier Jahren Eingang gefunden hat, ...
... das Computervirus, das sich unbemerkt ausgebreitet hatte, ...
... die verlängerte Kurve ...

L 4-12 ... einen Gittermonochromator ... (statt „einem")

Lösungen zu 5

L 5-1   Logische Abfolge.

L 5-6   Gewinne bei der Digitalisierung von Prüfungsarbeiten zählen wir wie folgt auf:

1. Die digitale Speicherung bedeutet weniger Speicherraum.

2. In „elektronischer" Form können Prüfungsarbeiten schneller angerufen, abgerufen und verteilt werden, als bislang vorstellbar.

3. Komplexe Gegenstände (Bilder, Bewegungen, Töne) können digital besser *präsentiert* werden, als auf Papier – vielleicht erstmals überhaupt. (Jetzt können Sie sich auch über die Lockrufe von RobbInnen verbreiten.)

4. Somit können Audiobelege – im Originalton – und Videoaufzeichnungen weit besser in die Prüfungsarbeit *integriert* werden als bislang.

5. Die Bereitstellung einer solchermaßen garnierten Prüfungsabeit ist ein gutes Training und kann sich später als karrierefördernd erweisen.

6. Digital archivierte „Thesen" können durch Hyperlinks gezielt angesteuert werden.

7. Digital archivierte Texte können mit Links hinterlegt werden, die zu bestimmten Textstellen führen (z. B. zu Abschnitten, zu Literaturzitaten oder zu Anmerkungen) oder zu Begleitinformationen wie Bildern, Tabellen oder Filmsequenzen.

Lösungen zu 6

L 6-1 Erforderlich: Titel und Art der Arbeit, Name des Verfassers, Datumsangabe; manchmal vorkommend: Institut oder Fachbereich, in dem die Arbeit ausgeführt wurde.

L 6-2 Wenn der Titel zu lang ist (kritische Grenze: etwa 10 Wörter).

L 6-3 **a** bis **f**: „Untersuchung zur ..." usw. überflüssig; **c** und **f**: nicht aussagekräftig; **b**, **d**, **e** und **g**: Teilung in Haupt- und Untertitel würde Gelegenheit bieten, wichtige Begriffe nach vorne zu ziehen.

L 6-4 s. Abb. L-1.

Lösungen zu 7

L 7-1 Widmung: am besten auf die erste rechte Seite nach dem Titelblatt. Vorwort (Danksagung): nächste rechte Seite.

L 7-2 Ja, sie werden in die Zählung einbezogen, aber die Seitennummern werden nicht angeschrieben.

L 7-3 Dieses Vorwort ist nicht ausreichend gegliedert, was leicht verbessert werden könnte, z. B.

Vorwort

Die vorliegende Arbeit wurde im Arbeitskreis AA des Instituts für BB der Universität CC von Juli 20XX bis November 20YY ausgeführt.

Ich danke Herrn Professor Dr. P. Tettler, dass er mir das Thema dieser Arbeit zur selbständigen Bearbeitung überlassen hat, und für die Unterstützung, die er mir dabei zukommen ließ.

Herr Dr. K. Müllermann und die anderen Mitarbeiter des Instituts standen stets für zahlreiche Diskussionen zur Verfügung. Bei der Aufnahme und Interpretation der Y-Spektren unterstützte mich Herr H. Pehmann. Ihnen möchte ich an dieser Stelle meinen herzlichen Dank aussprechen.

Schließlich danke ich der Gesellschaft für ZZ, dass Sie mir in der Zeit von Juli 20XX bis Dezember 20YY ein Stipendium gewährte.

Z-Stadt, im November 20YY   Hans Isekowitch

Berechnung der Schwingungsspektren
von kristallinem Hexamethylbenzol
und Perfluorhexamethylbenzol

Masterarbeit

vorgelegt von

Hans Rothmann
aus Göttingen

2010

**Wirkung von Vinpocetin
auf die In-vivo-Verformbarkeit von Erythrozyten**

Messungen mit einer neuen Zentrifugierungsmethode

Masterarbeit

von

Erika Heidenreich
aus Lüneburg

2008

Abb. L-1. Vorschlag für Titelseiten (s. L 6-4).

7

Lösungen zu 8

L 8-1 Abschn. 3.1.1 dürfte nicht erst auf S. 38, Abschn. 3.2.1 dürfte nicht erst auf S. 52 beginnen; die „Vorbemerkungen" sollten in die Abschnitts-benummerung einbezogen sein. Die Seitenzahlen müssen einheitlich (z. B. *immer* rechtsbündig mit Führungspunkten) angeschrieben werden.

L 8-2 a

1	Einleitung
2	Ergebnisse und Diskussion
2.1	Reaktionen in polaren organischen Lösungsmitteln
2.1.1	Metall-Wasserstoff-Austausch
2.1.2	Metall-Halogen-Austausch
2.2	Reaktionen in unpolaren Medien
2.2.1	Reaktionen in kondensierter Phase
2.2.1.1	Photolyseversuche mit Cyclohexan als Lösungsmittel
2.2.1.2	Photolyseversuche mit Benzol als Lösungsmittel
2.2.2	Reaktionen in der Gasphase
3	Experimentelles

usw.

L 8-2 b Eine andere Möglichkeit der Gliederung besteht in der Bildung von „Teilen" in römischer Zählung (s. auch B 10-5):

I Einleitung

II Ergebnisse und Diskussion
1 Reaktionen in polaren organischen Lösungsmitteln
1.1 Metall-Wasserstoff-Austausch
1.2 Metall-Halogen-Austausch
2 Reaktionen in unpolaren Medien
2.1 Reaktionen in kondensierter Phase
2.1.1 Photolyseversuche mit Cyclohexan als Lösungsmittel
2.1.1 Photolyseversuche mit Benzol als Lösungsmittel
2.2 Reaktionen in der Gasphase

III Experimenteller Teil
3 Herstellung der Reagenzien
3.1 Metallierungsmittel
…
4 Photolyse-Versuche
4.1 Apparatur
4.2 Aufarbeitung

[Das Beispiel ist hier gegenüber der ursprünglichen Fassung in B 8-1 noch erweitert worden, um das Prinzip der durchgängigen Kapitelzählung sichtbar zu machen.]

L 8-3 Ja, beispielsweise in der Physik.

L 8-4 Kapitel 2 „Theorie".

L 8-5 Die Stellengliederung mit Hilfe von (gegliederten) Abschnittsnummern macht die hierarchische Ordnung des Stoffs sichtbar. Außerdem kann man die Abschnittsnummern für Verweise innerhalb des Texts benutzen, z. B. in der Form „s. Abschn. 5.3".

Lösungen zu 9

L 9-1 Der erste Abschnitt gehört in ein Vorwort. Der zweite Abschnitt kann so bleiben. Der dritte könnte beispielsweise lauten:

Es bilden sich dabei – und dies ist eine bedeutende Vereinfachung der in der Literatur beschriebenen Verfahren – gemäß

$$XY\text{-}R + Z \longrightarrow Z\text{-}R + XY$$

Verbindungen vom Typ Z-R

(Keine Hinweise auf Tabellen oder Literatur in einer Zusammenfassung!)

L 9-2 Eine Zusammenfassung, die alles Erwähnenswerte enthält, könnte lauten:

Es sollte geklärt werden, inwiefern X-Kohle in einem Rauchgasfilter zur Entfernung von ZZZ durch das poröse Y-Silikat ersetzt werden kann.

Wenn das Y-Silikat vor seiner Verwendung ca. 30 min bei 500 °C getempert wird, werden 90 % ZZZ absorbiert (X-Kohle: nur 75 %). Y-Silikat braucht überdies im Gegensatz zu X-Kohle wegen der geringen Löslichkeit der sich nach Absorption bildenden Produkte nicht als Sondermüll entsorgt zu werden.

L 9-3 a Verschwommen, man erfährt nicht, was eigentlich gemacht wurde;

L 9-3 b knapp und klar.

Lösungen zu 10

L 10-1 Die Formulierung „in unserem Labor" eignet sich nicht für eine Prüfungsarbeit (stattdessen: Publikationen des Arbeitskreisleiters zitieren). Die Vorwegnahme der Ergebnisse ist problematisch. In Betracht zu ziehen wäre folgende Alternative:

In dieser Arbeit sollte geklärt (untersucht, geprüft,...) werden, ob X – im Gegensatz zu den Angaben von Jünger und Meyer [4] – aus dem industriellen Abfallprodukt Y erhalten werden kann.

L 10-2 Der erste Vertreter Y der Verbindungklasse XXX konnte schon 1921 (Mayer, 1921) in kleinen Mengen synthetisiert werden. Dank eines neuen Zugangs über ZZ konnten Müller und Mahler (1955) erstmals größere Mengen von Y herstellen. Die Untersuchung der IR- und UV-spektroskopischen Eigenschaften sowie der wichtigsten chemischen Umsetzungen verdanken wir Chiang (1958). In der Pharmazie wurde Y als Ausgangsstoff zur Synthese von Vertretern der Klasse DDD herangezogen (Peters, 1962). Im technischen Maßstab wird Y erst erzeugt, seit die Umsetzung so gesteuert werden kann, dass das Nebenprodukt A in geringen Mengen (etwa 10 %) entsteht (Miller, 19XX).

Ziel dieser Arbeit ist nun, die Bedingungen der technischen Y-Synthese – insbesondere Temperatur und Lösemittel – in Laborversuchen so zu variieren, dass die Bildung von A deutlich unter 10 % gesenkt werden kann.

L 10-3 Die Einleitung ist im wesentlichen gut gelungen. Sie kommt rasch (ca. 300 Wörter, 7 Literaturstellen) „zur Sache", ist gut strukturiert (vier kurze Absätze) und vermittelt den Eindruck „wichtig". Was bislang bekannt war und was unbekannt ist, tritt ebenso klar hervor wie die sich daraus ergebende Fragestellung („Wie könnte man Patienten mit marginaler Herzleistung helfen?"). Allerdings kommt, jedenfalls beim fachfremden Leser, keine Vorstellung auf, was eine „marginale Herzleistung" bedeuten könnte – ein Manko.

Als unbefriedigend empfinden wir, dass man nicht erfährt, wie die hämorheologischen Untersuchungen durchgeführt und bewertet werden sollen. – Den zweiten Satz des zweiten Abschnitts hätten wir so begonnen: „Zwar berichteten andere ...".

Lösungen zu 11

L 11-1 Klarere Trennung von Bekanntem, selbst Erbrachtem und Kommentaren.

L 11-2 Sicher gehören die Ergebnisse anderer und die Interpretation eines Messpunktes *nicht* in den Teil „Ergebnisse", sondern zur „Diskussion".

L 11-4 Imperfekt: Protokollarisches; Präsens: Beschreibung von beobachteten oder ermittelten Eigenschaften, Bezugnahme (in Form von Sätzen) auf Bestandteile der Arbeit.

L 11-5 Die Aussagen des zweiten und dritten Satzes sind „Ergebnisse", die des ersten gehören eher in einen „Experimentellen Teil"; der letzte Satz ist „Diskussion".

L 11-6 Die prägnanteste Aussage steht – klar formuliert – im ersten Satz. Der zweite enthält einen weniger bedeutenden Befund („wichtig → weniger wichtig"), das ist gut so. Der letzte Satz enthält eine Beobachtung mit nicht gesicherter Deutung (sie gehört eher in die „Diskussion").

Lösungen zu 12

L 12-2 Durch konsequentes Belegen fremder Ergebnisse, ggf. durch besondere Formulierungen wie „Die eigenen Untersuchungen ...".

L 12-4 Aufsammeln, analysieren, kommentieren, erklären, zurückführen, vergleichen, bewerten, Zusammenhänge aufzeigen, einordnen, abgrenzen, Konsequenzen nennen.

Lösungen zu 13

L 13-1   Nein, sie können Teil der Diskussion sein.

L 13-2   Nach der „Diskussion".

L 13-4   Die Schlussfolgerungen des Verfassers treten deutlich hervor. Sprachlich wird durch „zusammenfassend" und „festhalten" betont, um welche Art von Textstück es sich handelt. Offenbar hat die Frage, die Anlass zu der Untersuchung gab, gelautet: „Gibt es bessere Nährmedien für Säugerzellen als FKS?" Die Frage wird klar im Sinne eines Ja beantwortet, wobei der Verfasser auch die Grenzen („nicht für alle Zelllinien") aufzeigt. Mit „muss im Einzelfall geprüft werden" gibt er eine Anregung für weitere Untersuchungen. Die Zuordnung der Untersuchung zu einem bestimmten Arbeitsgebiet (Zellkulturen) tritt deutlich hervor. Weniger klar wird, worin die „bessere Unterstützung" des Zellwachstums besteht. Unbefriedigend ist, dass man nicht erfährt, mit welchen alternativen Seren gearbeitet wurde, hier wäre ein Hinweis angebracht gewesen. Gut ist wiederum der Schlusssatz, der die Bedeutung der Befunde unterstreicht: es handelt sich um eine methodenorientierte Arbeit, und die neue Methode ist billiger als die bisherige. Sprachlich können die beiden Wörter „verschiedenst" und „durchaus" – beide sind entbehrliche Steigerungen – wenig gefallen, ansonsten ist die Ausdrucksweise klar: auch ein Fachfremder kann sich ein Bild machen, worum es geht. Eine nicht allgemein bekannte Abkürzung (FKS) wird erläutert.

Lösungen zu 14

L 14-1   Von der Sache her: Überschriften können sich auf Objekte (z. B. chemische Stoffe), Vorgehensweisen (z. B. Herbeiführen bestimmter Versuchsbedingungen) oder Aufbau und Benutzung von Apparaten beziehen; von der Form her: die Überschriften können frei gewählt sein (z. B. „α-Brompropionsäure") oder einem Stereotyp folgen (z. B. „Arbeitsvorschrift"). – Die Überschriften können aus denen in Laborbüchern und Zwischenberichten abgeleitet werden.

L 14-2   Alle Angaben über Materialien, Geräte, Versuchsbedingungen usw., die zur Beurteilung und Nacharbeitung erforderlich sind, sowie die gewonnenen Befunde. Beschrieben werden alle Experimente, auf die im Teil „Ergebnisse" Bezug genommen wird, wobei aus umfangreicheren Versuchsreihen repräsentative Beispiele genügen können. Ergebnisse können summarisch (z. B. in Tabellen) aufgeführt werden. Literaturbekannte Verfahren werden nur insoweit beschrieben, als Veränderungen vorgenommen wurden.

L 14-3   Rohdaten sind die unmittelbar beobachteten oder gemessenen Daten; Prüfungsarbeiten sollten alle Rohdaten enthalten. Abgeleitete Daten ergeben sich aus Rohdaten durch Umwandlung oder Umrechnung, sie können im „Experimentellen Teil" oder im Teil „Ergebnisse" mitgeteilt werden. Für die Umrechnung erforderliche Rechenvorschriften, Faktoren u. ä. sind anzugeben und an Beispielen zu verdeutlichen.

L 14-4 a   Die ersten beiden Sätze gehören eher in die „Diskussion" als in den „Experimentellen Teil". Der Text ließe sich wie folgt verbessern:

> Zur Messung der Desorption nach Crank und Parl[13] sowie Stuart[15] wurden die Probekörper in einem Glasgefäß an einer Federwaage aufgehängt, und der Gewichtsverlust wurde unmittelbar abgelesen.

L 14-4 b   Die Angaben sind zu ungenau: Wie konzentriert war die Lösung? Wie wurde erwärmt? Wie wurde abfiltriert? Wie und wie lange wurde getrocknet? Das Textstück könnte beispielsweise heißen:

> **Herstellung von XXX**: Eine Lösung von 250 mg AAA (feuchtigkeitsempfindlich!) in 30 mL BBB wird im Wasserbad (Rundkolben, Trockenrohr) auf 90 °C erwärmt. Nach ca. 1 h fällt ein gelber Niederschlag aus, der mit einem Faltenfilter abfiltriert und bei 120 °C im Trockenschrank getrocknet wird (Ausbeute: 80 %).

[Die Versuchsbeschreibung ist – für eine Prüfungsarbeit eher ungewöhnlich – im Präsens formuliert und wirkt dadurch allgemein verbindlich, wie eine (etablierte) Arbeitsvorschrift. Fallen Sie, wenn Sie sich dieser Berichtsform anschließen wollen, nicht ständig zwischen Präsens und Imperfekt hin und her, d. h. bleiben Sie dann konsequent dabei.]

Lösungen zu 15

L 15-1   – Zeitschriftentitel nicht (1) oder falsch (2) abgekürzt;
– in (1) fehlen Seitenzahl und Jahresangabe;
– in Zitaten werden (ebenso wie im laufenden Text) akademische Grade nicht genannt (1, 5);
– Vornamen werden nicht – wie in (2, 3) – ausgeschrieben; in (1, 4) fehlen die Initialen;
– in (2) gibt es offenbar keine Bandzählung, dann sollte das Kalenderjahr vor der Seitenzahl stehen;
– das „et al." in (7) nach dem ersten Autor ist nicht erlaubt;
– die Bücher sind – in (3, 4) – ohne Angabe von Verlagsort und Publikationsjahr nicht ordnungsgemäß zitiert;
– im Buchzitat (4) ist zudem der Titel gekürzt, die Auflagennummer fehlt;

– ein Vorlesungsmanuskript (5) ist in der Regel keine „Literatur" (allenfalls in einer Fußnote oder einer Anmerkung zitierfähig);

– Bachelor- und Masterarbeiten (6) dürfen meistens nicht in Bibliotheken ausstehen und sind wie Vorlesungsmanuskripte (aber im Gegensatz zu Dissertationen) keine „Literatur";

– bei Aufzählungen, in Listen und Verzeichnissen steht nach Zahlen ein Punkt, nie Punkt und Klammer. In Literaturverzeichnissen sollten die Zahlen in runde oder (besser) eckige Klammern gestellt oder hochgestellt werden.

Hier eine verbesserte Form des Verzeichnisses:

Literatur und Anmerkungen

[1] Meier P. Fresenius Z Anal Chem. 1987; 245: 211.
[2] Müller HP, Hausbold R. Proc Chem Royal Soc London. 1980: 134.
[3] Aced G, Möckel HJ. Liquidchromatographie. Weinheim: VCH; 1991.
[4] Jander G, Blasius E. Einführung in das anorganisch-chemische Praktikum. 6te Aufl. Stuttgart: Hirzel; 1964: 137.
[5] Ernestino P. Vorlesungsmanuskript "Technische Chemie 1". Ruhr-Universität, Bochum (SS 1989).
[6] Pfleger M. Masterarbeit. Fachhochschule Reutlingen; 1990.
[7] Pákányi L, Bihácsi L, Hencsei P. Cryst Struct Commun. 1978; 7: 435-442.

L 15-2 Folgende Kritikpunkte:

– die Jahreszahlen stehen an unterschiedlichen Stellen, manchmal mit und manchmal ohne Klammern;

– die Initialen der Vornamen stehen teils vor, teils nach dem Namen des Autors;

– die Titel der Zeitschriften sind uneinheitlich geschrieben oder abgekürzt;

– die Zitate stehen nicht in der richtigen Reihenfolge.

Bessere Fassung:

Bard Y. 1974. Nonlinear Parameter Estimation. New York: Academic Press. S 145.
Milow M. 1980. Talanta. 1037-1044.
Milow M. 1984 a. Talanta. 1083-1087.
Milow M. 1984 b. Inorg Chim Acta. 26: 947-951.
Nagano K, Metzler F. 1967. J Amer Chem Soc. 89: 2891.
Polster J. 1975. Z Phys Chem N F. 97: 113-118.
Ricci JE. 1952. Hydrogen Ion Concentrations. Princeton, NY: Princeton University Press.

L 15-3 Die Zitate sollten in folgender Reihenfolge stehen:

f, j, b, g, a, d, e, c, i, h

Die Jahreszahlen von **f** und **j** sollten ergänzt werden (1968 a, 1968 b); auch eine umgekehrte Reihenfolge wäre möglich, maßgeblich ist die erste Erwähnung im Text.

15

L 15-4 Habilitationsschriften, Firmenschriften, Fortschrittsberichte und Reports, Forschungsanträge, Gutachten, Gesetze, Verordnungen, Richtlinien, Normen, Patente.

L 15-5 In den Beispielen dieser Einheit ist u. a. nicht eingegangen worden auf das Zitieren von Büchern mit Folgeauflagen, von Büchern mit Herausgebern, von mehrbändigen Werken und von Beiträgen in Büchern.

L 15-6 Nein, die Stelle im Quelldokument sollte so genau wie möglich – und nötig – eingegrenzt werden, beispielsweise wie folgt:

... ; Kap. 5.
... 1992: 112-113.

L 15-7 Smith H, Johnson MR. In: Shulz B, ed. The Insects of the Amazonas Rain Forest; vol 20. Tallahassee/Florida: World Press; 1990: 107-117.

L 15-8 a ... mit Halbsandwichstruktur zugänglich geworden;[45] außer HX können auch zahlreiche andere Elektrophile mit Schwefel,[46] Selen[47] und Tellur[48-50] als Schlüsselatomen – auch Carbene[51,52] und Nitrene[53] schließen sich an – sowie Lewis-acide Metallverbindungen wie CuCl addiert werden.[54]

L 15-8 b ... Eine säurekatalysierte Isomerisierung von **20** zu **21** haben Müller [12], Kandroro [13-16], Finnigan [17] und auch Mertz et al. [18] nachgewiesen; Komplexe mit linearen [19] Baueinheiten X – besonders spektakulär: H-C≡C-H als Ligand [20] – sind in jüngster Zeit ebenfalls synthetisiert worden [21-22]; Versuche mit Y-C≡C-H (Y = Me)[23] haben nicht zum Ziel geführt [24].

Lösungen zu 16

L 16-1 Anhang A. Mikrotomschnitte
(mit A.1 bis A.n für die einzelnen Mikrofotos)
Anhang B. Tabellen der gemessenen Ortskoordinaten
(mit B.1 bis B.m für die einzelnen Tabellen)
Anhang C. Rechenprogramm

L 16-2 Einführung im Text in Klammern; Fußnoten; Verknüpfen mit Literatur („Literatur und Anmerkungen"); eigene Anhänge.

Lösungen zu 17

L 17-1 Die Informationen werden in einen Anhang „Anmerkungen" oder in einen Abschnitt „Literatur und Anmerkungen" gesetzt.

L 17-2 Im laufenden Text: hochgestellte [1], [2] usw., *), ‡), †) usw., auch *), **); in Tabellen (s. auch Einheit 20) vorzugsweise hochgestellte [a], [b] usw.

L 17-3 Werden keine hochgestellten Zitatnummern verwendet – die Zitatnummern stehen in Klammern auf der Zeile, oder es wird nach dem Namen-Datum-System verwiesen –, so können als Fußnotenzeichen hochgestellte Zahlen benutzt werden. Andernfalls müssen für die Fußnotenverweise Sonderzeichen wie *), +) herangezogen werden.

L 17-4 Siehe Beispiele B 17-4 a und B 17-4 b.

L 17-5 Text Text Text Text.[1] Text Text Text Text.[2] Text Text Text Text,[3,4] Text Text Text;[5] Text Text Text Text Text Text Text Text.[6-9] Text Text Text – Text Text Text Text[10] – Text Text.[11]

[1] Fußnote Fußnote Fußnote Fußnote Fußnote Fußnote Fußnote Fußnote … usw.

Lösungen zu 18

L 18-1 Nein, bei Schreibmaschinenschrift verzichtbar. Wenn Ihnen keine kursiven „Fonts" (Schrifttypen) zur Verfügung stehen, können Sie durch kleine untergezogene Wellenlinien (von Hand) anzeigen, welche Zeichen kursiv zu denken sind.

L 18-2 Steil.

L 18-3 Zentimeter im Text (z. B. „einige Zentimeter"), cm in Verbindung mit Zahlen (z. B. „2,5 cm").

L 18-4 Allgemeine Funktionen: kursiv; spezielle Funktionen (wie „sin", „cos", „lg" oder „ln"): steil.

L 18-5 Zahlen oder Symbole für Zahlen (wie e oder π) werden grundsätzlich senkrecht geschrieben, einzige Ausnahme: Zahlen zur Bezeichnung von Bilddetails.

L 18-6 Schreibmaschine: bei Vektoren übergesetzter Pfeil; Textverarbeitung: Vektoren und Matrizen als halbfette kursive Buchstaben.

L 18-7 Gemeinsam: beide senkrecht; unterschiedlich: nach Differentialoperator kein Leerzeichen, nach ppm Leerzeichen (oder Satzzeichen).

L 18-8 Wenn möglich (PC) 2/3 des Trägerbuchstabens.

L 18-9 Kursiv.

L 18-10 Zwischen Zahl und Einheit sowie zwischen Zahl und Prozent-Zeichen liegt stets ein Leerzeichen.

L 18-11 12 mol : L falsch, 12 mol $\cdot$ L^{-1} unüblich (Multiplikationszeichen entfernen!), 12 $\cdot$ mol/L regelwidrig.

L 18-12 Die Präfixe d und h sind zu vermeiden, zwei Präfixe zusammen (wie mμ) sind verboten, Zahlenwerte sollen zwischen 0,1 und 1000 liegen; zu bevorzugen sind also

0,2 m; 12 nL; 70 μmol; 2,450 m; 89,5 kPa; 12,80 μA.

18

L 18-13 Wenn mehr als ca. 10 weniger gebräuchliche Symbole vorkommen, womöglich mit Verwechslungsgefahr; Bezeichnung der Liste ggf. „Liste der Symbole und Abkürzungen", wenn auch Abkürzungen und Akronyme aufgenommen werden. Der richtige Platz: die Seite vor Beginn des eigentlichen Textes.

L 18-14 Die Einheiten sind nicht einheitlich (z. B. N/mm^2 neben $N\,mm^{-2}$) oder falsch (Einheit in eckigen Klammern; $cm\cdot h\cdot mbar$ nicht in runden Klammern) angegeben; bei den Definitionen von P oder δ_0 liegt keine mathematische Gleichheit vor, das Gleichheitszeichen sollte entfallen; der letzte Eintrag ist ohne Einheit angegeben. Besser:

a_k Kerbschlagzähigkeit, kJ/m^2
δ_0 Rohdichte, g/cm^3
H Kugeldruckhärte, N/mm^2
P mittlere Flächenpressung, N/mm^2
P_{WD} Permeationskoeffizient für Wasserdampf, $g/(cm\,h\,mbar)$
R_V optimale Rauhtiefe, cm

Lösungen zu 19

L 19-1 Schreibmaschine: Minuszeichen, Trennungs- und Gedankenstrich werden durch *ein* Zeichen (Mittestrich) dargestellt; Textverarbeitung: mehrere Striche stehen zur Verfügung, als Minuszeichen sollte nicht der (kurze) Trennungsstrich verwendet werden.

L 19-2 Brüche können mit Schrägstrich oder (waagerechtem) Bruchstrich geschrieben werden, der Doppelpunkt soll nicht verwendet werden.

L 19-3 a Es stört, dass vor und nach Zeichen wie „=", „+" oder „>" keine Leerzeichen bleiben. Besser:

... bekommt man gemäß der Beziehung

$$k_1 = k_n c_2^{n-1} + k_0 \tag{22}$$

und in diesem Spezialfall für $n > 3$:

$$k_1 = k_2 c_i + k_0 \; (i = 1, \dots n) \tag{23}$$

...

L 19-3 b Die Reihenfolge der Klammern ist falsch; und zwei Klammerarten reichen in diesem Fall aus. Besser:

$$y = 3[x - 2(x + 3)\cdot(x^2 - 2x + 14)]$$

L 19-3 c Integral- und Summenzeichen sind zu klein.

L 19-4 a Trennung des Ausdrucks am Zeilenende unzulässig (deshalb: mit y_a auf neuer Zeile beginnen); y_B statt Y_B; Liter einheitlich „L".

L 19-4 b Formeleinzug fehlt, Gleichungsnummern sollten am rechten Rand stehen.

19

Lösungen zu 20

L 20-1 a   **Tabelle 1.** Text der Tabellenüberschrift.

x	y	x	y
1	123	25	84
5	118	40	315
10	22		

L 20-1 b   **Tab. 4-2.** Abhängigkeit der Konzentration c der Lösung von der Zeit t.

t min	c mol/L	t min	c mol/L
0,5	$1{,}526 \cdot 10^{-6}$	19,5	$5{,}0526 \cdot 10^{-5}$
12,5	$3{,}261 \cdot 10^{-6}$	22	$1{,}0537 \cdot 10^{-4}$
15,0	$1{,}7281 \cdot 10^{-5}$	42	$5{,}0526 \cdot 10^{-4}$

L 20-1 c   **Tabelle 4-4.** Ausbeuten bei der Reaktion von CH_3SO_2Cl mit H_2NOH.

Temperatur, °C	50	60	70	90	100	110	120
Ausbeute, %	65	68	75	92	95	92	59*)

* teilweise Zersetzung.

L 20-1 d   **Tabelle 12.** Eigenschaften einiger Lösungsmittel.

	molare Masse (in g/mol)	Schmp. (in °C)	Siedep.[a] (in °C)	Dichte (in g/cm³)
Benzol	78,12	5,5	80,1	0,87865
Phenol	94,11	43	181,75	1,0722
Toluol	92,15	−95	110,6	0,8669

[a] bei 760 mbar.

L 20-2   Hier könnte man auf eine Tabelle verzichten. Der Text könnte dann beispielsweise lauten:

... die Gehalte an **13**, die an zwei Stellen (Messstellen *1* und *2*; Strömungsgeschwindigkeit 2,5 m³/min bzw. 3,0 m³/min; Temperatur des Abgases 604...606 °C) des Kamins bei Zeiten zwischen 5 min und 1 h nach Beschickung gemessen wurden, schwankten geringfügig um 7 ppm und lagen damit deutlich tiefer als der von der TA Luft vorgeschriebene Grenzwert von 50 ppm [12].

Wenn man die Tabelle verwenden will, sollte sie verbessert werden, z. B.

20

Tabelle 2-1. Gehalt an **13** im Abgas. – Messstelle 1, Strömungsgeschwindigkeit 2,5 m³/min.

Zeit, min	Temperatur, °C	Gehalt, ppm
5	606	8
10	604	6
15	605	7
20	606	6
30	604	7
60	608	7
30	606	7[a]
60	606	7[a]

[a] Messstelle 2, Strömungsgeschwindigkeit 3,0 m³/min.

L 20-3 Schmelzpunkte und Brechungsindizes der Verbindungen vom Typ CH_3-SO_2-N(R^1)OR^2 sind in Tab. 3 zusammengestellt.

Tab. 3. Schmelzpunkte und Brechungsindizes der Verbindungen vom Typ CH_3-SO_2-N(R^1)OR^2 [3].

R^1	R^2	Schmp. °C	n_D^{20}
H	H	172	
H	CH_3	132	1,3528
CH_3	H	145	1,4255
CH_3	CH_3	152[a]	1,4352

[a] unter Zersetzung.

L 20-4 Das Intensitätsverhältnis der Signale bei $m/e = 46$ und $m/e = 44$ im Massenspektrum des Distickstoffmonoxids, das bei der Zersetzung von **3** in wässriger Lösung gebildet wird, liegt nach Hydrolyse in ^{18}O-angereichertem Wasser bei $(2,0 \pm 0,5) \cdot 10^{-3}$, nach Hydrolyse in nicht-angereichertem Wasser bei $(2,5 \pm 1,2) \cdot 10^{-3}$.

L 20-5 **a** und **c**: korrekt; **b**: die Einheiten sollen nicht in eckigen Klammern stehen; **d**: entweder die Namen von Größen oder Größensymbole verwenden.

L 20-6 Auf alle senkrechten Linien sowie auf die drei waagerechten Linien im Tabellenfeld sollte verzichtet werden.

Lösungen zu 21

L 21-1 Verankerung: Verweis im Text auf einen besonderen Teil des Dokuments (hier: Abbildung); die Nummer wird für den Verweis benötigt.

L 21-2 Durch Verwendung von Symbolen und Abkürzungen, die in der Legende erläutert werden.

L 21-3 s. B 21-10.

L 21-4   Die Halbtonvorlage enthält kontinuierliche Farbtonabstufungen und lässt sich im Gegensatz zur Strichzeichnung nicht ohne Qualitätsverlust kopieren.

L 21-5   Abbildungsbeschriftungen sollen etwa so groß sein wie die im Text verwendete Schrift. (Die Strichstärke von Buchstaben verhält sich zur Größe von Buchstaben etwa wie 1 : 10.) Linien für Hauptbestandteile wie Kurven, für Achsen und für Netz- oder Hinweislinien verhalten sich in ihrer Stärke wie 2 : 1,4 : 1.

L 21-6   Zahlen: an Achsen steil, zur Kennzeichnung von Bildeinzelheiten kursiv; Strichmarken: alle gleich lang, geringste Strichstärke, meist von den Achsen in das Innere des Diagramms weisend; Größensymbole: vorzugsweise kursiv, unter der Abszisse und links von der Ordinate, bei qualitativen Darstellungen am Fuß von Pfeilen; Pfeile: können auch die Enden der Achsen bilden.

L 21-7   In die Skalen oder hinter die Größensymbole, s. Abbildungen 21-5 und 21-8.

L 21-8 a Qualitative Darstellung: Es fehlen Pfeile, um den Verlauf der beiden Variablen anzuzeigen; Schraffuren oder Raster würden die Flächen deutlicher voneinander abheben; alle Kurven des Diagramms doppelt so dick (es handelt sich nicht um Hilfslinien)!

L 21-8 b Qualitative Darstellung; „A" und „B" nicht an Pfeilspitze, sondern links vom Pfeil bzw. unter den Pfeil setzen; „A" und „B" samt Pfeilen außerhalb des Rahmens.

L 21-8 c Strichmarken nach innen; Zwischenstriche können an beiden Achsen entfallen; bei der Abszisse ist die Definition des Mischungsverhältnisses unklar (Einheit?); „Höhe in km" um 90° gedreht in eine Zeile setzen. Beide Skalen getrennt zeichnen.

L 21-8 d Strichmarken nach innen; Nummern an den Kurven kursiv; „h" und „L" müssen – wenn so im gesamten Text – kursiv gesetzt werden. Beide Skalen getrennt zeichnen.

L 21-8 e „0" muss sowohl an Ordinate als auch an Abszisse geschrieben werden; Ordinate: eckige Klammern falsch; „1", „2", „3" ohne Faktor 10^4 unglücklich, besser hinter „Lichtemission" „in 10^4 Impulse" (in runden Klammern oder ohne Klammern) setzen; Abszisse: Angabe der Größe fehlt; Maßeinheiten ohne eckige Klammer in „mg/mL"; SO_2 gehört zur Benennung der Größe, z. B. „$c(SO_2)$" oder „SO_2-Konzentration"; Rahmen kann entfallen.

21

L 21-8 f Punkte zu klein, Linien der Geraden im Diagramm zu dünn; Abszisse: „Minuten" durch gemessene Größe ersetzen und Einheit hinzufügen, z. B. „Zerfallszeit, min"; Ordinate: „A^{2+}" ist keine Größe, gemeint ist offensichtlich „$c(A^{2+})$". Beide Skalen getrennt zeichnen.

L 21-8 g Beide Achsen voneinander absetzen, z. B. Abszisse nach unten oder Ordinate nach links versetzen; Pfeile können entfallen (dann Beschriftung zentrieren); %-Zeichen um 90° gedreht zwischen „1" und „2" wäre lesefreundlicher.

L 21-8 h Strichmarken gleich lang und nach innen; Zahlenwerte an der Ordinate um 90° drehen; Teilung der Ordinate zu fein (Schritte in 0,1 oder sogar 0,2 Einheiten würden genügen); Zahlenwerte im Diagramm können auch oben in die Balken geschrieben werden (kleinere Schrift); Jahreszahlen unter die Abszisse.

Register

Die Fakultät hat beschlossen, Sie zum Doktor der Naturwissenschaften zu promovieren. Mit der Verleihung dieses ehrenvollen Titels verknüpft sie eine Verpflichtung: Die Verpflichtung, der wissenschaftlichen Wahrheit stets treu zu bleiben und niemals der Versuchung zu unterliegen, diese Wahrheit zu unterdrücken oder zu verfälschen, sei es unter wirtschaftlichem, sei es unter politischem Druck. In diesem Sinne verpflichte ich Sie als Dekan der Fakultät durch Handschlag, die Würde, die Ihnen die Fakultät verleihen wird, vor jedem Makel zu bewahren und unbeirrt von äußeren Rücksichten nur die Wahrheit zu suchen und zu bekennen.

Auf Immanuel Kant zurückgehende Verpflichtungsformel
der Biologischen Fakultät der Universität Freiburg